KB179870

Extreme 익스트림 Programming 프로그래밍 Explained

EXTREME PROGRAMMING EXPLAINED: EMBRACE CHANGE 2/E

by KENT BECK

agile

Extreme Programming Explained

익스트림 프로그래밍

익스트림 프로그래밍 : 변화를 포용하라 2판

켄트 벡 · 신시아 안드레스 지음 | 김창준 · 정지호 옮김

인사이트 insight

익스트림 프로그래밍 EXTREME PROGRAMMING EXPLAINED: EMBRACE CHANGE 2/E

초판 1쇄 발행 2006년 8월 1일 **7쇄 발행** 2024년 12월 24일 **지은이** 켄트 벡, 신시아 아드레스 **옮긴이** 김창준, 정지호 **펴낸이** 한기성 **펴낸곳** (주)도서출판인사이트 **영업마케팅** 김진불 **제작·관리** 이유현 **용지** 월드페이퍼 **출력·인쇄** 예림인쇄 **후가공** 이레금박 **제본** 예림원색 **등록번호** 제2002-000049호 **등록일자** 2002년 2월 19일 **주소** 서울시 마포구 연남로5길 19-5 **전화** 02-322-5143 **팩스** 02-3143-5579 **블로그** https://blog.insightbook.co.kr **이메일** insight@insightbook.co.kr **ISBN** 978-89-91268-10-2, 978-89-91268-11-0(세트) 책값은 뒤표지에 있습니다. 잘못 만들어진 책은 바꾸어 드립니다.

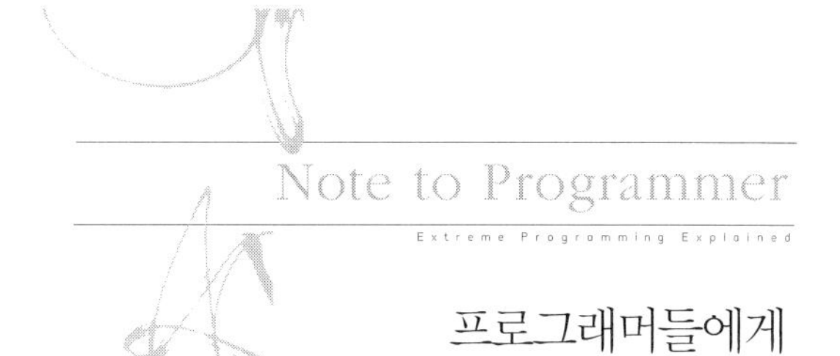

Note to Programmer

Extreme Programming Explained

프로그래머들에게

프로그래머들도 얼마든지 현실 생활에서 온전한 사람이 될 수 있습니다. XP는 자신을 시험해 보고, 자기 자신이 되어 보고, 또 사실 여러분은 원래부터 괜찮았는데 단지 나쁜 친구들과 어울렸던 것이 문제라는 사실을 깨달을 수 있는 기회입니다.

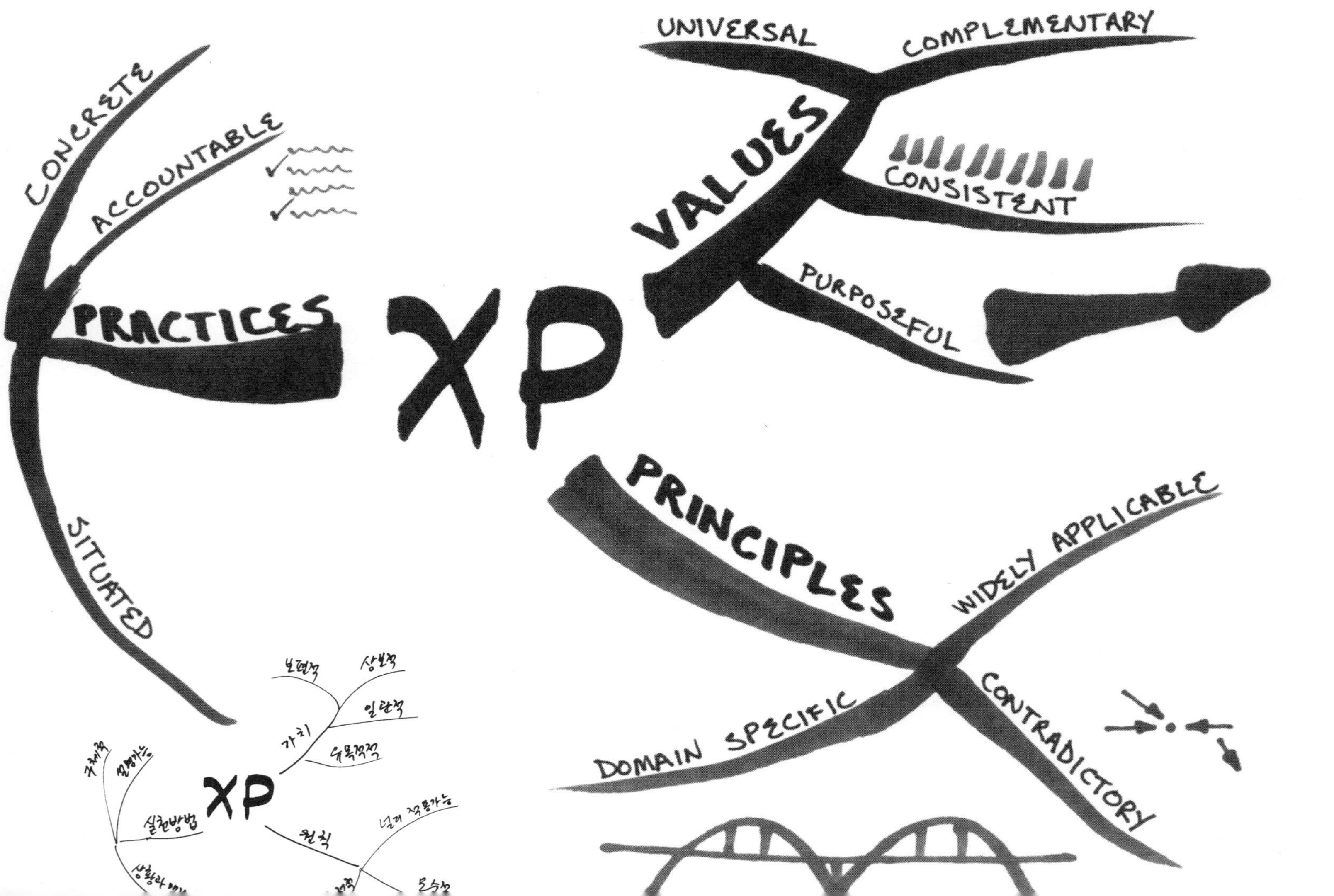

XP

VALUES
UNIVERSAL
COMPLEMENTARY
CONSISTENT
PURPOSEFUL

PRACTICES
CONCRETE
ACCOUNTABLE
SITUATED

PRINCIPLES
WIDELY APPLICABLE
CONTRADICTORY
DOMAIN SPECIFIC

XP
가치
보편적
상보적
일관적
유목적적
실천방법
구체적
설명가능
원칙
널리 적용가능
모순적

역자 서문

몇 년 전 『Extreme Programming Explained』라는 책이 있었습니다. 제가 처음 읽은 XP 관련 서적입니다(처음 읽은 XP 관련 자료는 c2.com 위키였습니다). 그 덕분에 XP에 대한 틀을 갖출 수 있었습니다. 제가 '나를만든책' 이라는 위키 페이지를 만든 적이 있는데, 나를 만든 책은 말 그대로 오늘날의 나를 있게 한, 내게 많은 영향을 준 책을 말합니다. XPE는 나를 만든 책입니다. XPE의 2번째 판을 새로 받아들고는 과거 XPE 1판을 볼 때의 흥분이 기억났습니다. XPE 1판은 나를 만든 책이라면, XPE 2판은 내가 만든 책입니다. 제가 쓴 책이라는 이야기가 아니고, 제가 경험해 오고 쌓아온 것들의 정점에 XPE 2판이 있기 때문입니다.

제가 주변에 XP와 애자일 방법론을 소개하면서 자주 들었던 질문 중 두 가지는 "어떤 자료를 참고하면 좋을까요?" 와 "XP가 뭔가요?" 였습니다. 양질의 영어 자료야 많지만 우리말로 권하고 싶은 자료가 흔치 않았습니다. 그래서 항상 XP의 바이블이라고 할 수 있는 『Extreme Programming Explained』가 번역되어 나와야 할 텐데 하는 생각을 해왔습니다.

몇 년 전에도 1판 번역과 인연이 있었는데 몇 가지 사정으로 번역이 취소되었습니다. 그러다가 2판을 번역하게 되었고 드디어 출간까지 했습니다.

이제는 XP가 뭐냐고 묻는 분들에게 당당히 이 책을 추천해 드릴 수 있게 되었습니다.

저는 수년 간 XP 컨설팅을 해오면서 경험을 통해 나름의 효과적 XP를 만들어 왔습니다. 그것은 이전 XPE 1판과는 조금 다른 것이었습니다. 여러분이 들고 있는 XPE 2판에 더 가까웠습니다. 저는 이 업데이트된 XP가 이전의 것에 비해 더 유연하면서 동시에 더 강력하다고 생각합니다. XP 2.0이라 부를 만합니다. 제 주변에 컴퓨터와 관련 없는 일을 하는 분들에게도 일독을 권하고 싶습니다.

이 책을 통해, 어떤 상황에서도 개선하고, 자기 자신부터 개선하고, 언제나 개선하는 기쁨을 느끼시길 빌며, 이를 통해 이 책이 여러분의 '나를 만든 책'이자 '내가 만든 책'이 되길 바랍니다.

번역 과정에 수고하신 정지호님과 인사이트 한기성 사장님, 또 윤문과 교정을 도와준 남승희씨에게 감사의 말씀을 드립니다. 특히, 이제까지 저와 XP 프로젝트를 함께 했던 동료들에게 정말 고맙습니다.

p.s.

이 책을 적용하실 때에 참고가 될 만한 'XP 적용의 원칙'을 몇 가지 소개하면서 역자 서문을 마치겠습니다. 제 나름대로 터득한 효과적인 적용 원칙들입니다.

- 낮은 곳의 과일부터
- 가장 핵심적이고 괴로운 문제부터 (근본 원인 분석)
- 성공에 집중하기 (잘 안 되는 것보다 뭐가 잘 되는지에 집중)
- 잘 안 되면 방법을 바꿔서
- 문자에 집착하지 않고
- 점진적으로 (아기 걸음)

예를 들면, 우선 자기 혼자 하루에 몇 시간을 정해두고 특정 실천방법을 적용할 수 있고, 팀 수준에서는 일주일 중 특정 요일의 정해진 시간대를 어떤 실천방법을 시행하는 데 투자할 수도 있을 겁니다. 또는 XP의 원칙을 하나씩 훑어가면서 그 원칙에서 가치를 얻었던 구체적인 경험을 상기해 보고 현재 자신이 처한 상황에 어울리는 실천방법을 도출해 낼 수도 있습니다.

2006. 7. 21

김 창 준

목차

:: 역자서문_김창준 ● 7
:: 2판 추천사 ● 13
:: 1판 추천사 ● 17
:: 서문 ● 19

1장_ XP란 무엇인가? | 23

1부 XP 탐험하기 | 33

2장_ 운전하는 법 배우기 | 35

3장_ 가치, 원칙, 실천방법 | 37

4장_ 가치 | 43
의사소통 | 44
단순성 | 45
피드백 | 46
용기 | 48
존중 | 49
다른 가치들 | 49

5장_ 원칙 | 51
인간성 | 52
경제성 | 54
상호 이익 | 55
자기유사성Self-Similarity | 56
개선 | 58
다양성 | 59
반성Reflection | 60
흐름 | 61
기회 | 62

잉여 | 62
실패 | 63
품질 | 64
아기 발걸음 | 66
받아들인 책임 | 66
결론 | 67

6장_ 실천방법 | 69

7장_ 기본 실천방법 | 73
함께 앉기 | 73
전체 팀 | 75
정보를 제공하는 작업 공간 | 77
활기찬 작업 | 78
짝 프로그래밍 | 79
스토리 | 82
일주일별 주기 | 84
분기별 주기 | 86
여유 | 87
10분 빌드 | 89
지속적 통합 | 90
테스트 우선 프로그래밍 | 91
점진적 설계 | 93
자 이제는... | 95

8장_ 시작하기 | 97
실천방법들의 지도 그리기 | 101
결론 | 103

9장_ 보조 실천방법 | 105
진짜 고객 참여 | 105
점진적 배치 | 107
팀 지속성 | 108
팀 크기 줄이기 | 109
근본 원인 분석 | 110
코드 공유 | 112
코드와 테스트 | 113
단일 코드 기반 | 113

매일 배치 | 115
범위 협상 계약 | 116
사용별 지불 | 117
결론 | 118

10장_ 전체 XP 팀 | 119
테스터 | 121
상호작용 설계자 | 122
아키텍트 | 123
프로젝트 관리자 | 124
제품 관리자 | 125
임원 | 126
테크니컬 라이터 | 128
사용자 | 130
프로그래머 | 131
인적자원부 | 131
역할 | 132

11장_ 제약 이론 | 135

12장_ 계획 짜기: 범위를 관리하기 | 143

13장_ 테스트: 일찍, 자주, 자동화 | 151

14장_ 설계하기: 시간의 가치 | 159
단순성 | 167

15장_ XP 확장 | 169
사람 숫자 | 170
투자 | 171
조직의 크기 | 172
시간 | 173
문제의 복잡도 | 174
해결방안의 복잡도 | 174
실패의 결과 | 175
결론 | 177

16장_ 인터뷰 | 179

2부 XP의 철학 | 183

17장_ 창조 이야기 | 185

18장_ 테일러주의와 소프트웨어 | 191

19장_ 도요타 생산 시스템 | 195

20장_ XP 적용하기 | 199
    코치 고르기 | 204
    언제 XP를 쓰지 말아야 하는가 | 206

21장_ 순수성 | 207
    인증과 인가 | 209

22장_ 해외 개발 | 211

23장_ 시간이 지나도 변치 않는 프로그래밍 방식 | 215

24장_ 공동체와 XP | 219

25장_ 결론 | 223

주석을 단 참고문헌 | 225
    철학 | 225
    마음가짐 | 226
    창발적인 프로세스 | 228
    시스템 | 229
    사람 | 230
    프로젝트 관리 | 234
    프로그래밍 | 237
    기타 | 241

찾아보기 | 243

2판

Extreme Programming Explained

추천사

세상에 2판이라니. 초판을 내고 벌써 5년이나 지났다는 사실이 믿어지지 않습니다. 켄트가 2판의 추천사를 써 달라고 부탁했을 때 나는 바뀐 내용에 줄이 쳐진 원고를 달라고 요청했습니다. 바보 같은 요청이었죠. 이 책은 완전히 다시 쓰인 책이니까! XP Explained 2판에서 켄트는 XP를 다시 보면서 XP 자체에 XP 패러다임(깨어 있으라, 적응하라, 변하라)을 적용합니다. 켄트는 XP Explained를 구석구석 다시 보고, 정리하고, 리팩터링했고 새로운 통찰도 많이 포함시켰습니다. 그 결과는 지난번보다도 설명을 더 잘 하는 XP Explained입니다!

이 서문을 쓰는 작업은 XP가 나 자신의 소프트웨어 개발에 어떤 영향을 주었나 돌아볼 매우 좋은 기회였습니다. 이 책의 초판이 나온 지 얼마 되지 않았을 때, 나는 이클립스 프로젝트에 참여하게 되었으며 지금은 그 프로젝트에 내 모든 소프트웨어 관련 에너지를 다 쓰고 있습니다. 이클립스 프로젝트가 순수 XP 원칙 아래 진행되지는 않습니다. 우리는 기민한 실천방법론agile practices을 따릅니다. 하지만, XP의 영향을 발견하는 일은 어렵지 않습니다. 여러 XP 실천방법을 우리 도구 안에 집어넣었다는 것이 그중 가장 눈에 띄는 일입니다. 리팩터링, 단위 테스트, 코드 짤 때 즉각적인 피드백은 이제 우리 도구 모음의 핵심 부분입니다. 게다가, 우리는 '자기가 만든 개밥을 스스로 먹기' 때문에 우리 자신도 이 실천방법들을 개발할 때 일상적으로 사용합니다. 우리 개발 과정에서 발견되는 XP의 영향은 더 흥미롭습니다. 이클립스는 오픈 소스 프로젝트이며 완전히 투명한 개발을 실천하는 것이 우리 목표 가운데 하나입니다.

이유는 간단합니다. 프로젝트가 어디로 진행되는지 모르는 사람은 도움을 주거나 피드백 해주지 못하기 때문이죠. XP 실천방법은 우리가 이 목표를 달성하도록 도와줍니다.

XP 실천방법 가운데 일부를 우리는 아래와 같이 적용합니다.

- 초기에, 자주, 자동화해서 테스트하라. – 최신 빌드에서는 녹색 체크 표시를 받으려면 테스트를 21,000개 이상 통과해야 합니다.
- 점진적 설계 – 우리는 매일 설계에 일정 자원을 투자합니다. 하지만 우리에게는 API를 안정되게 유지해야 한다는 추가 제약이 있습니다.
- 매일 배치deploy – 컴포넌트마다 적어도 하루에 한 번은 배치하고, 즉각 피드백을 받고 문제도 초기에 잡기 위해 배치된 코드 위에서 개발을 진행합니다.
- 고객 참여 – 적극적인데다 지속적으로 피드백을 보내주는 활발한 사용자 공동체가 있다는 점에서 우리는 운이 좋습니다. 우리는 그들에게 귀를 기울이고 최대한 빨리 피드백하려고 노력합니다.
- 끊임없는 통합 – 최신 코드가 매일 밤 빌드됩니다. 매일 밤 빌드는 컴포넌트간 통합에 대한 통찰력을 제공해줍니다. 일주일에 한 번 우리는 모든 컴포넌트가 잘 통합되는지 확인하려고 통합 빌드를 수행합니다.
- 짧은 개발 주기 – 비록 우리 주기가 XP가 권장하는 1주일 주기보다 길긴 하지만, 그 목적은 동일합니다. 우리의 6주 주기는 마일스톤 빌드로 끝나는데, 이것이 우리 프로젝트의 심장 박동 역할을 합니다. 모든 마일스톤 빌드의 목적은 진전 상황을 보여주고(이것 때문에 우리는 정직

해질 수밖에 없습니다) 우리 공동체가 실제로 사용할 수 있고 피드백을 내놓을 수 있는 정도로 수준 높은 제품을 전달하는 것입니다. (이것 때문에 우리는 훨씬 정직해질 수밖에 없습니다.)

- 점진적 계획 - 릴리즈를 하고 나면 배아 단계의 전반적인 계획을 만들고 그걸 릴리즈 주기를 통틀어 진화시켜 나갑니다. 이 계획은 사용자 공동체도 대화에 참여할 수 있도록 우리 웹 사이트에 일찍 올라갑니다. 마일스톤들은 예외인데, 이것들은 우리 프로젝트의 심장 박동 역할을 하기 때문에 최초의 계획 반복에 고정되어 있습니다.

우리가 XP를 완전히 채택하지 않았더라도, 우리는 위에 나열한 XP 실천방법으로 많은 효과를 보고 있습니다. 특히, 이것들의 도움 덕분에 개발 스트레스가 줄어듭니다! 이 모든 실천방법은, 제시간에 고품질의 소프트웨어를 선적하는 데에 전념하는 강력한 팀이 밑에서 받들어주는 것으로, 우리가 계획한 마일스톤을 달성하고 선적일을 정확히 맞추는 데에 이 실천방법 모두가 핵심적 역할을 합니다.

켄트는 소프트웨어 개발에 대한 내 생각들에 계속 자극을 주었습니다. 이 책을 읽으면서 나는 '시도해 볼 일 목록' 에 추가할 여러 실천방법을 발견했습니다. 나는 여러분도 나와 똑같이 해 볼 것과 여러분의 소프트웨어 개발 방법을 개선하고 뛰어난 소프트웨어를 만들기 위해 XP의 초청을 받아들일 것을 추천합니다.

에리히 감마

2004년 10월

1판

Extreme Programming Explained

추천사

익스트림 프로그래밍XP은 코딩을 소프트웨어 프로젝트 전반에 걸친 핵심 활동으로 지명합니다. 이 방식은 제대로 될 리가 없어요!

저 자신의 개발 작업에 대해 잠시 생각해 보겠습니다. 저는 JITjust-in-time, 적시생산 소프트웨어 문화에서 일합니다. 높은 기술적 위험이 조금씩 포함되어 있는, 압축된 릴리스 주기가 돌아가는 문화지요. 친구를 변화시키는 것은 생존 기술입니다. 팀 내의 의사소통, 또 빈번히 지역적으로 떨어진 팀들 간의 의사소통은 코드로 이루어집니다. 우리는 새롭거나 진화하는 서브시스템의 API를 이해하기 위해 코드를 읽습니다. 복잡한 객체들의 생명 주기와 행동은 테스트 케이스에 정의되어 있는데, 이것도 코드 속에 있습니다. 문제 보고서는 그 문제를 시연해 주는 테스트 케이스와 함께 오는데, 이것 역시 코드 속에 있습니다. 마지막으로, 우리는 리팩터링을 이용해 현존하는 코드를 항상 개선합니다. 우리 개발은 분명 코드 중심적이지만, 우리는 제 시간에 소프트웨어를 성공적으로 출시하기 때문에, 결국 이 방식은 제대로 돌아갈 수 있습니다.

소프트웨어를 만들어 인도하는 데에 필요한 것이 물불 가리지 않는 프로그래밍뿐이라고 결론짓는 것은 잘못일 겁니다. 소프트웨어를 전달하는 것은 어렵고, 고품질의 소프트웨어를 제시간에 만들어 전달하는 것은 심지어 더 어렵습니다. 제대로 하려면 추가적 베스트 프랙티스를 잘 훈련된 방식으로 사용해야 합니다. 켄트Kent는 시사점이 많은 그의 XP 책을 바로 여기에서부터 시작합니다.

켄트는 복잡한 공학 애플리케이션을 스몰토크로 짝 프로그래밍하면서 결정권을 가진 인간의 잠재력을 인식한 텍트로닉스Tektronix의 리더 중 한 사람이었습니다. 켄트는 워드 커닝햄Ward Cunningham과 함께, 제 커리어에 큰 영향을 끼쳐 온 패턴 운동에 지대한 영감을 주었습니다. XP는, 소프트웨어 방법론과 프로세스에 대한 대량의 문헌 더미 아래에 묻혀있었지만, 성공한 많은 개발자가 실제로 사용하는 실천방법들을 결합한 개발 접근법을 설명합니다. 패턴과 같이, XP는 단위 테스팅, 짝 프로그래밍, 리팩터링 등의 베스트 프랙티스 위에 세워졌습니다. 이 실천방법들은 XP에서 상보적이면서도 종종 서로 견제하도록 결합되어 있습니다. 서로 다른 실천방법들의 상호작용에 초점이 맞추어져 있는데, 이것이 이 책을 중요하게 만듭니다. 우리의 단 하나의 목적은 올바른 기능을 갖추고 날짜를 맞추어 소프트웨어를 출시하는 겁니다. OTI의 성공적인 JIT 소프트웨어 프로세스가 순수 XP는 아니지만, 둘은 공통점이 많습니다.

저는 켄트와 작업하면서 소통하는 것, 그리고 JUnit이라고 불리는 작은 것에 XP 에피소드를 연습한 것을 이제껏 즐기고 있습니다. 그의 시각과 접근법은 언제나 제가 소프트웨어 개발에 접근하는 방식에 도전을 제시합니다. XP가 전통적 대문자 M 접근법[1]에 도전한다는 것은 의심할 여지가 없습니다. 이 책을 통해 자신이 XP를 포용하길 원하는지 아닌지 결정할 수 있을 겁니다.

1) 역자 주: 방법론의 영어 단어인 Methodology의 첫 글자를 대문자로 써서 고유명사화한 것으로, 대안을 인정하지 않는 유일한 방법론을 비꼬는 의미

에리히 감마

1999년 8월

Extreme Programming Explained

서문

익스트림 프로그래밍Extreme Programming, XP의 목표는 뛰어난 소프트웨어 개발이다. 소프트웨어를 더 적은 비용으로, 더 적은 결함만 가지게, 더 높은 생산성으로, 훨씬 투자 대비 회수율이 높게 개발하는 일은 가능하다. 지금은 고생에 허덕이는 팀이라도 자신이 일하는 방법에 깊게 주의를 기울이고 그 방법을 다듬으면, 그리고 일반적인 개발 실천방법들을 극단까지 밀어붙이면 이런 결과를 얼마든지 얻을 수 있다.

소프트웨어를 개발하는 데는 좋은 방법도 나쁜 방법도 있다. 좋은 개발팀들을 살펴보면 서로 다르지 않으며 엇비슷한 점이 더 많다. 그리고 여러분 팀이 얼마나 좋든 나쁘든 언제나 개선의 여지는 있다. 나는 여러분이 자신을 개선하려고 노력할 때 자원으로 활용되기를 바라면서 이 책을 썼다.

이 책은 좋은 소프트웨어 팀들이 공통으로 지닌 것이 무엇인가에 대한 내 개인적 연구다. 나는 내가 해봤는데 효과가 좋았던 일들과 남들이 하는 것을 보았는데 효과가 좋았던 일들을 모은 다음, 내가 생각하기에 가장 순수하고, 가장 '극단적인' 형태로 추출해 냈다. 이 일을 하는 동안 나를 가장 놀라게 만든 것은 이 노력에서 나 자신 상상력의 한계였다. 5년 전, 즉 처음 이 책이 출판될 때에는 극단적으로 보이던 실천방법들이 이제는 일반적인 것이 되었다. 앞으로 5년 후라면 이 책에 들어 있는 실천방법들은 분명히 보수적으로 보일 것이다.

만약 내가 좋은 개발팀은 무슨 일을 하는가만 다룬다면 분명 핵심을 놓치는 일이 되고 말 것이다. 뛰어난 개발팀이 작업하는 환경에 따라 개발팀마다 충분히 납득할 만한 행동의 차이가 생길 수 있다. 표면 아래를 본다면, 그들의 행동은 강물 밑에 존재하는 형태들을 암시하는 물결일 뿐이고, 뛰어난 소프트웨어 개발에는 지적 그리고 직관적인 기반이 존재한다. 그리고 이것들 역시 내가 추출하고 기록하고자 시도하는 것이다.

이 책 초판의 비판자들은 그것이 어떤 특정한 방법으로 프로그래밍하라고 강요한다고 불평했다. 내가 나 말고 다른 누군가의 행동을 조종하는 힘이 있다는 말도 안 되는 생각은 그렇다고 쳐도, 나는 내 의도가 그렇게 여겨졌다는 것에 당혹감을 느낀다. 다른 사람의 행동을 조종하려 한다는 인상을 지우고 개인의 선택에 대한 개인의 책임을 인정하는 의미에서, 2판에서 나는 내 주장을 긍정적이고 포괄적인 방식으로 다시 표현하기 위해 노력했다. 나는 여러분의 비결 목록에 넣을 만한 검증된 실천방법들을 제시한다.

- 지금 상황과 상관없이 여러분은 언제나 더 나아질 수 있다.
- 더 나아지는 일은 언제나 스스로부터 시작할 수 있다.
- 더 나아지는 일은 언제나 오늘부터 시작할 수 있다.

감사의 말

나는 내 훌륭한 검토자 모임에 감사의 마음을 전하고 싶다. 모두들 원고를 읽고 의견을 달기 위해 상당히 많은 시간을 내주었다. Francesco Cirillo, Steve McConnell, Mike Cohn, David Anderson, Joshua Kerievsky, Beth Andres-Beck, Bill Wake가 그들이다. 실리콘밸리 패턴 모임 역시 원고 수정판마다 귀중한 반응을 보내주었다. Chris Lopez, John Parello, Phil

Goodwin, Dave Smith, Keith Ray, Russ Rufer, Mark Taylor, Sudarsan Piduri, Tracy Bialik, Jan Chong, Rituraj Kirti, Carlos Mc Evilly, Bill Venners, Wayne Vucenic, Raj Baskaran, Tim Huske, Patrick Manion, Jeffrey Miller, Andrew Chase가 그들이다. 피어슨 출판사의 제작부 직원들 Julie Nahil, Kim Arney Mulcahy, Michelle Vincenti에게도 감사의 마음을 전한다. 나를 담당한 편집자 Paul Petralia는 내가 어려운 고비를 넘을 때마다 유머감각과 이해심을 보여주었다. 그는 내게 인간관계의 가치에 대한 가르침을 주었다. 내 짝 프로그래밍 동반자 Erich Gamma는 나와 대화를 나누고 피드백을 해 주었다. 블루스톤 빵집과 까페의 주인과 점원들은 뜨거운 초콜릿과 광대역 통신망을 끊이지 않게 해주었다. Joëlle Andrés-Beck은 복사본을 편집하고 쓰레기를 버려주었다. 내 아이들 Lincoln, Lindsey, Forrest, Joëlle은 우리가 편집하는 수많은 시간 동안 블루스톤에서 함께 있어 주었다. Gunjan Doshi는 생각을 자극하는 질문들을 던져 주었다. 마지막으로, 아내이자, 발전적 편집자이자, 친구이자, 지적 동료인 Cynthia Andres에게는 아무리 고맙다고 말하더라도 부족하다.

1장

Extreme Programming Explained

XP란 무엇인가?

익스트림 프로그래밍Extreme Programming, XP은 사회적 변화에 대한 것이다. XP는, 과거에는 잘 통했지만 지금은 일을 최고로 잘 하려고 하는데 방해가 될 뿐인 습관과 양식들을 버리는 것에 대한 이야기다. XP는, 우리를 보호해 주긴 하지만 생산성은 떨어뜨리는 방어수단들을 포기하는 것에 대한 이야기다. XP는 우리가 노출되었다는 느낌을 받게 만들지도 모른다.

XP는 우리가 할 수 있는 게 무엇인지 공개한 다음 그걸 해내는 것에 대한 이야기다. 그리고 다른 사람도 그렇게 하도록 허용해 주고 기대하는 것에 대한 이야기다. XP는 "나는 다른 사람들보다 똑똑하니까 내 능력을 최대한 발휘하려면 나를 혼자 내버려 두기만 하면 돼." 같은 사춘기적 앳된 자신감을 넘어서는 것에 대한 이야기다. XP는 더 넓은 세상에서 어른인 우리의 자리를 찾는 것, 사업/일의 영역도 포함된 공동체 안에서 우리의 자리를 찾는 것에 대한 이야기다. XP는 우리가 될 수 있는 최고의 자신을 향해 나아가면서 그 과정에서 개발자로서 최고가 되는 것에 대한 이야기다. 그리고 XP는 비즈니스에서 정말 도움이 되는 훌륭한 코드를 작성하는 것에 대한 이야기다.

좋은 관계는 좋은 비즈니스를 만든다. 생산성과 자신감은 코딩 또는 일과 관련된 다른 활동들뿐만 아니라 일터의 인간관계에도 영향을 받는다. 일에서 성공하려면 기술이 있어야 할 뿐 아니라 좋은 인간관계도 맺어야 한다. XP는 두 가지를 모두 다룬다.

성공을 준비하라. 성공에서 한 발짝 뒤로 물러나 자신을 보호하지 말라. 최선을 다한 다음 결과에 대처하라. 이것이 극단extreme이다. 자신을 노출하라. 어떤 사람들에게는 이렇게 하는 것이 믿을 수 없을 만큼 두려운 일이겠지만, 다른 사람들에게는 그저 일상일 뿐이다. 바로 이것이 사람들이 XP에 그렇게 극단적으로 갈리는 반응을 보이는 이유다.

XP는, 이전에는 우리가 상상도 못했던 일을 성취할 수 있게 해주는, 프로그래밍 기법과 명확한 의사소통, 팀워크를 탁월하게 적용하는 것에 집중하는 소프트웨어 개발의 한 양식이다. XP에는 다음과 같은 것들이 포함된다.

- 의사소통, 피드백, 단순성, 용기, 존중 같은 가치들에 바탕을 둔 소프트웨어 개발 철학.
- 소프트웨어 개발을 개선하는 데 쓸모가 있다고 증명된 실천방법들의 집합. 실천방법들은 서로 보완함으로써 각각의 효과를 증폭한다. 앞서 말한 가치들을 표현하는 것들이 실천방법으로 선택된다.
- 상호 보완적인 원칙들. 가치를 실천방법으로 옮기는 지적인 기법들의 집합이다. 여러분이 어떤 특정한 문제에 마주쳤는데 기존 실천방법 중에 딱 맞는 것이 없을 때 유용하다.
- 이 가치들을 공유하고, 동일한 실천방법들 중 상당수를 공유하는 공동체.

XP는 소프트웨어를 개발하려 모인 사람들을 탁월함으로 이끄는 개선의 길이다. XP가 여타 방법론과 다른 점은 다음과 같다.

- 짧은 개발 주기. 개발 초기부터 구체적이고 지속적인 반응을 얻게 해준다.

- 점진적 계획 접근방법. XP에서는 전반적인 계획을 빨리 만들고 시작한 다음, 프로젝트의 생애 내내 그 계획이 진화해 가리라 기대한다.
- 기능 구현 일정을 유연하게 세워 자주 바뀌는 비즈니스 쪽의 요구에 대응할 수 있는 능력.
- 자동화된 테스트에 의존하는 점. 개발의 진전 상황을 관찰하고, 시스템이 진화할 수 있도록 만들고, 초기부터 결함을 잡을 수 있도록 프로그래머, 고객, 테스터들이 자동화된 테스트를 작성한다.
- 구두 전달, 테스트, 소스 코드에 의존하여 시스템 구조와 시스템의 의도를 전달하는 점.
- 시스템이 존재하는 마지막 순간까지 끝나지 않는 진화적인 설계 절차에 의존하는 점.
- 재능은 평범하더라도 열심히 참여하는 개인들 사이의 긴밀한 협력에 의존하는 점.
- 팀 구성원들의 단기적 본능과 프로젝트의 장기적 이해관계 둘 다에 함께 적용될 수 있는 실천방법들에 의존하는 점.

『Extreme Programming Explained: Embrace Change』 초판에서 내렸던 XP의 정의에는 명확하다는 장점이 있었다. "XP는 모호한 요구사항이나 빠른 속도로 변하는 요구사항에 직면한 중소 규모의 소프트웨어 개발 팀을 위한 가벼운 방법론이다." 이 선언이 XP의 기원과 의도에 관해서는 사실이지만, 모든 것을 말해 주지는 않는다. 1판의 출간 이후 5년 동안 여러 팀이 XP를 원래 정의보다 훨씬 넓게 확장했기 때문이다. XP를 다음과 같은 방식으로 설명해 볼 수 있다.

- XP는 가볍다. XP에서는 고객을 위한 가치를 창출하기 위해 꼭 필요한 일만 한다. 많은 짐을 지고는 빨리 움직일 수 없다. 하지만 냉동건조된 소프트웨어 프로세스는 없다. 뛰어난 팀이 되기 위해 필요한 기술적

지식의 집합은 규모도 크고 계속 늘어난다.

- XP는 소프트웨어 개발의 제약 조건들을 다루는 것에 바탕을 둔 방법론이다. XP는 프로젝트 포트폴리오 관리, 프로젝트의 재정 부담을 정당화하기, 회사 활동, 마케팅, 영업 같은 문제는 다루지 않는다. XP 안에 이 모든 것에 대한 약간의 암시가 들어 있긴 해도, 이것들을 직접 다루지는 않는다. 방법론이란 말은 흔히 '성공을 보장받으려면 따라야 하는 규칙들의 집합'이란 의미로 해석된다. 그러나 방법론은 프로그램처럼 작동하지 않는다. 사람은 컴퓨터가 아니다. XP를 하는 팀마다 XP를 하는 방식은 전부 다르며, 성공의 수준도 모두 다르다.
- XP는 팀의 규모와 상관없이 할 수 있다. 5년 전 나는 너무 거창한 약속을 하고 싶지 않았다. 그러나 그 후 여러 사람이 XP를 다양한 종류의 프로젝트에 채택했을 때, 작은 프로젝트와 작은 팀뿐 아니라 큰 프로젝트와 큰 팀에서도 성공을 거두었다. XP 밑에 깔린 가치와 원칙들은 프로젝트나 팀의 규모와 상관없이 적용 가능하다. 단 실천방법들은 사람 수가 많을 경우 보충하고 수정해야 할 필요가 있다.
- XP는 모호하거나 빠른 속도로 변하는 요구사항에 적응하는 방법론이다. XP는 여전히 이러한 상황의 강자인데, 이것은 현대 비즈니스 세계의 빠른 변화에 적응하려면 요구사항도 계속 변화되어야 한다는 점으로 볼 때 다행스러운 일이다. 하지만 이식porting 프로젝트처럼 요구사항이 그렇게 변덕스럽지 않는 곳에서도 XP를 성공적으로 사용하기도 한다.

XP는 나 자신의 소프트웨어 개발 일에서 인간성과 생산성을 조화시키고 그 화해를 남들과 공유하려는 나의 노력이다. 나는 나 자신을, 그리고 다른 사람들을 인간적으로 대할수록 모든 사람의 생산성이 더 높아진다는 사실을 깨닫기 시작했다. 성공의 열쇠는 자신에게 고생을 강요하는 것에 있지 않으며, 사람 대 사람의 사업에서 우리 모두 사람이라는 사실을 인정하는 것에 있다.

기술도 중요하다. 우리는 기술 분야에서 일하는 기술자다. 똑같은 일을 하는 데도 좋은 방법과 나쁜 방법이 있다. 기술적 탁월함의 추구는 개발의 사회적 면에서 핵심적 요소다. 기술은 신뢰 관계를 지탱한다. 자기 일에 대해 정확하게 추정값을 잡을 수 있고, 처음부터 좋은 품질의 제품을 제공할 수 있고, 빠른 피드백 순환 구조를 만들 수 있다면, 여러분은 신뢰받는 파트너가 될 수 있다. XP는 팀의 목표에 기여하기 위해서 팀 참여자들이 높은 수준의 기술을 습득할 것을 요구한다.

XP는 현재의 현실에 딱 맞는 새로운 방법을 위해 옛날에 일하던 습관을 버리는 것을 의미한다. 옛날 습관, 태도, 가치들이 그때는 잘 통했지만, 지금의 팀 중심 소프트웨어 개발 환경에서는 최선의 선택이 아닐지도 모른다. 훌륭하고, 안전한 사회적 상호작용은 뛰어난 기술 능력만큼이나 XP 개발 성공에 필수다.

상처받을 수 있다는 것이 사실은 안전하다는 예를 들어보겠다. 자신을 보호하기 위해 뭔가를 유보해두는 오래된 습관은 사실 효과가 없다. 마지막 20%의 노력을 쓰지 않고 남겨두는 것이 나를 지켜주지는 않는다. 프로젝트가 실패한다면, 내 모든 것을 그 프로젝트에 다 쏟아 붓지 않았다고 해서 내 기분이 좋아지지는 않는다. 프로젝트를 성공시킬 수 없었다는 실패감에서 나를 보호해주지는 않는다. 하지만 최선을 다해 프로그램을 작성했는데도 사람들이 그 프로그램을 좋아하지 않는다면, 나는 여전히 자신에 대해 만족감을 느낄 수 있다. 이런 태도를 취한다면 상황이 어떻든 안전함을 느낄 수 있다. 내가 어떻게 느끼는지가 내가 최선을 다했느냐 아니냐에 달려 있다면, 최선을 다하기만 한다면 언제나 자신에 대해 만족감을 느낄 수 있기 때문이다.

XP 팀은 성공을 위해 온힘을 쏟아부으며, 나온 결과에 대한 책임을 받아들인다. 자신이라는 인간의 가치를 프로젝트에 매어놓지 않는다면, 어떤 상황에서라도 최고의 작업을 할 수 있다. XP에서는 실패를 준비하지 않는다.

인간관계에서 약간 거리를 두는 것, 일을 너무 적게 하거나 많이 함으로써 노력을 유보해 두는 것, 책임 소재를 한 번 더 흐리기 위해 피드백을 미루는 것, 이런 행동 가운데 어떤 것도 XP 팀에는 있을 자리가 없다.

여러분의 팀에 시간, 돈, 기술이 충분할 수도 있고 그러지 못할 수도 있다. 하지만 모든 것이 언젠가는 충분해질 것처럼 행동하는 것이 어떤 상황에서든 최선의 방법이다. 이런 '넉넉한 마음가짐'은 인류학자 콜린 턴벌Colin Turnbull의 두 책 『The Mountain People』과 『The Forest People』에 감동적인 필치로 기록되어 있다. 턴벌은 자원이 부족하고 거짓말하고 사기치는 배신자들의 부족 사회와, 자원이 풍부하고 서로 협동하며 사랑하는 부족 사회를 대조한다. 나는 종종 딜레마에 빠진 개발자들에게 다음과 같은 질문을 한다. "만약 당신에게 시간이 충분하다면 그것을 어떤 식으로 하겠습니까?" 제약조건이 있다고 해도 여러분은 최고의 일을 해낼 수 있다. 제약조건에 대해 불평을 늘어놓는 것은 목표로부터 주의를 분산시킬 뿐이다. 여러분의 명료한 자아는 제약조건이 어떻든 최고의 일을 할 수 있다.

어떤 프로젝트를 완수할 시간이 6주로 정해졌다면, 여러분이 조절할 수 있는 유일한 요소는 자신의 행동뿐이다. 6주어치의 일을 해낼 것인가 아닌가? 여러분이 다른 사람의 기대를 조절할 수는 없다. 그러나 그들의 기대를 현실 상황과 맞추도록 프로젝트에 대해 여러분이 알고 있는 것들을 그들에게 말해 줄 수는 있다. 이 교훈을 배웠을 때 나는 마감일에 대한 공포가 사라졌다. 다른 사람의 기대를 '관리'하는 것은 내 일이 아니다. 자기들의 기대를 관리하는 것은 그들 몫이다. 최선을 다하는 것과 의사소통을 명확하게 하는 것이 나의 몫이다.

XP는 개발 프로세스의 모든 단계에 잠재되어 있는 위험들에 대처하는 소프트웨어 개발 규율이다. 또한 XP는 생산적이며, 양질의 소프트웨어를 만들어내며, 재미있기도 하다. XP가 어떤 방식으로 다음과 같은 개발 프로세스의 위험들에 대처할까?

- 일정 밀림 - XP에서는 아무리 길어도 몇 달인 정도로 릴리즈 주기가 짧아야 한다. 그래야 일정이 밀리는 정도에도 한계가 있다. 한 릴리즈 주기 안에서는, 일주일 단위의 반복iteration을 사용해서 고객이 요청한 기능들을 구현하고 프로젝트의 진전 상황에 대한 작은 단위의 피드백을 주고받는다. 한 반복 안에서 XP의 계획 단위는 짧은 과업task들이다. 따라서 팀은 주기 안에 문제들을 해결할 수 있다. 마지막으로, XP에서는 가장 우선순위가 높은 기능부터 구현해야 한다. 따라서 릴리즈 때 어떤 기능이 미처 구현되지 못했다 해도 그 기능은 가치가 낮은 기능일 것이다.
- 프로젝트 취소 - XP는 팀의 비즈니스 쪽 구성원들에게 비즈니스에 가장 중요하면서도 가장 작은 릴리즈를 고르라고 요구한다. 따라서 배치 전에 잘못될 가능성은 더 적어지고 소프트웨어의 가치는 언제나 최고를 유지한다.
- 시스템 이상 - XP는 포괄적인 자동화 테스트 스위트suite를 만들고 유지하며, 이 테스트들은 품질 기준을 유지하기 위해 시스템에 변화가 생길 때마다(하루에도 몇 번이나 생긴다) 돌고 또 돈다. XP는 언제나 시스템을 배치 가능한 상태로 유지한다. 문제들이 축적되는 일은 허용하지 않는다.
- 결함 비율 - XP는 함수 단위로 테스트를 작성하는 프로그래머, 그리고 프로그램 기능 단위로 테스트를 작성하는 고객 둘 다의 관점에서 테스트를 한다.
- 비즈니스에 대한 오해 - XP에서는 비즈니스 쪽 사람들도 팀의 당당한 정규first-class 구성원이 되어야 한다. 프로젝트의 명세는 개발 과정 중에도 끊임없이 다듬어지기 때문에, 고객과 팀이 배운 것들이 소프트웨어에 그대로 반영될 수 있다.
- 비즈니스의 변화 - XP에서는 릴리즈 주기를 짧게 줄이기 때문에, 릴리즈 하나를 개발할 때 반영해야 하는 변화의 양은 줄어든다. 한 릴리즈

동안에는 고객이 자유롭게 아직 완성되지 않은 기능 대신 새로운 기능을 요청할 수 있다. 팀은 심지어 지금 작업 중인 기능이 새로 발견된 기능인지 몇 년 전부터 정의된 기능인지조차 눈치 채지 못할 수도 있다.

- 이름뿐인 풍부한 기능 - XP는 오직 우선순위가 가장 높은 작업들만 다룰 것을 요구한다.
- 직원 교체 - XP에서는 프로그래머들이 자신의 일을 추정하고 완료하는 책임을 받아들여야만 한다. 그리고 추정이 더 정확해질 수 있도록 실제 걸린 시간을 프로그래머들에게 피드백해주며, 프로그래머가 내린 추정을 존중해 준다. 누가 추정을 만들고 변경할 수 있는지에 대한 규칙이 명확하기 때문에, 뻔히 불가능한 것을 해달라는 요청을 받아들여서 프로그래머의 짜증을 돋울 가능성이 줄어든다. XP는 팀 안에서 인간적인 접촉을 또한 장려함으로써, 흔히 일에 대한 불만족의 핵심 요인이 되는 직원들의 외로움을 줄여주기도 한다. 마지막으로, XP에는 직원 교체에 대한 대처법이 명시적인 모델로 포함되어 있다. 새로운 팀 구성원들은 단계적으로 더 많은 책임을 받아들이도록 격려 받으며, 그러는 과정에서 서로의, 그리고 기존 프로그래머들의 도움을 받는다.

XP는 여러분이 자신을 팀의 일부로 생각한다고 가정한다. 그 팀이 명확한 목표들과 그 목표들을 이루기 위한 실행 계획을 지닌 팀이라면 더욱 이상적일 것이다. XP는 여러분이 다른 사람들과 함께 일하고 싶어 한다고 가정한다. XP는 여러분이 성장하고, 능력을 계발하고, 관계를 발전시키기 원한다고 가정한다. XP는 이런 목표들을 이루기 위해 여러분이 기꺼이 변화를 감수하리라고 가정한다.

이제 나는 'XP란 무엇인가?' 라는, 이 장의 머리에서 제시한 물음에 답변할 준비가 되었다.

- XP는 오래되고 효과가 없는 사회적 습관들을 버리고 효과 있는 새로운 습관들을 채택하는 것이다.
- XP는 오늘 내가 기울인 모든 노력에 대해 자신을 인정해 주는 것이다.
- XP는 내일은 좀더 잘해보려고 애쓰는 것이다.
- XP는 팀 전체가 공유하는 목표에 내가 얼마나 기여했는지를 잣대로 자신을 평가하는 것이다.
- XP는 소프트웨어 개발을 하는 중에도 여러분의 인간적 욕구 가운데 일부를 채우겠다고 요구하는 것이다.

이 책의 나머지 부분에서는 이런 변화를 불러일으키기 위해 무엇을 해야 할지 탐구하고, 왜 그런 것이 개인적으로 경제적으로 효과가 있는지 생각해 볼 것이다. 이 책은 두 부분으로 나뉘어 있다. 첫 번째 부분은 실용적인 부분으로, 거기서는 인간적 욕구들(여기에는 인간관계를 맺고 싶다는 욕구도 포함된다)을 감안하며 또 충족도 시켜주는 소프트웨어 개발 실천 및 사고방법을 설명한다. 두 번째 부분에서는 XP의 철학적, 역사적 뿌리를 다루고 XP를 현재의 맥락 속에 위치시킨다.

무더운 날 시원한 물이 찬 수영장에 들어가는 방법은 한 번에 발가락 하나씩 넣거나, 물 속 계단을 천천히 내려가거나, 몸을 웅크리고 뛰어들거나, 매끄럽게 다이빙하는 등 여러 가지다. 마찬가지로 이 책을 읽고 XP를 적용하는 방법도 여러 가지가 될 수 있다. 어떤 방법이든 물 속에 들어간다는 목적은 달성된다. 여러분의 선택은 스타일이나 속도, 효율성 혹은 두려움에 기반을 두고 있을 것이다. 그러나 자신에게 맞는 방법이 무엇인지는 자신만이 결정할 수 있다. 나는 여러분이 이 책을 읽고 적용하면서 자신이 왜 소프트웨어 개발을 하게 되었고, 어떻게 이 일에서 만족을 찾을 것인지 더 깊이 이해하게 되기를 바란다.

1부 | XP 탐험하기

Extreme
Programming
Explained

2장

Extreme Programming Explained

운전하는 법 배우기

나는 처음으로 운전하는 법을 배운 날을 생생하게 기억한다. 어머니와 나는 캘리포니아 치코 근처의 5번 고속도로를 달리고 있었는데, 이 도로는 평탄한 땅에 직선 도로가 지평선까지 쭉 곧게 뻗어나간다. 어머니는 조수석에 앉은 내게 손을 뻗어 운전대를 잡아 보도록 하셨다. 그리고 운전대를 돌리는 것이 자동차의 방향에 어떻게 영향을 미치는지 내가 느끼게 해주셨다. 그런 다음 내게 "이렇게 해보렴. 차가 길의 정중앙에 놓이도록 해서 그 방향으로 쭉 뻗어나가면 저 지평선에 바로 맞닿을 수 있게 해라." 라고 말씀하셨다.

나는 도로를 흘끗흘끗 내다보며 조심스럽게 방향을 잡았다. 나는 차가 정확히 길 한가운데에서 차선 중앙으로만 가도록 했다. 꽤 잘 하고 있었다. 그러다가 아주 잠깐 정신을 딴 데 팔았더니…….

차가 길 옆 자갈을 스치는 소리에 나는 번쩍 제정신이 들었다. 어머니는 부드럽게 차를 다시 길에 돌려놓으셨다. (지금 생각해 보니 그때 당신의 용기는 정말 놀랍다.) 내 심장은 두근거렸다. 어머니는 이런 경험을 하게 만든 다음에야 진짜 운전법을 가르쳐 주셨다. "운전은 차를 똑바른 방향으로 가도록 맞추어 놓고 그대로 두는 게 아니야. 운전은 계속 신경을 쓰면서 이번에는 이쪽으로 조금, 다음에는 저쪽으로 조금씩 방향을 고치면서 가는 거지."

이것이 XP의 패러다임이다. 깨어 있고 적응하며 변하는 것.

소프트웨어의 모든 것은 변한다. 요구사항은 변한다. 설계도 변한다. 비즈니스도 변한다. 기술도 변한다. 팀도 변한다. 팀 구성원도 변한다. 변화는 반드시 일어나기 때문에, 문제가 되는 것은 변화가 아니다. 그보다는 변화를 극복하지 못하는 우리의 무능력이 문제다.

운전 메타포는 XP에 두 가지 차원으로 적용된다. 고객은 시스템 내용의 방향을 결정한다. 그리고 개발 팀은 개발 프로세스의 방향을 결정한다. XP는 작은 수정을 빈번히 하도록 한다. 즉, 소프트웨어 배치deploy 간격을 짧게 유지하여 목표를 향해 전진하도록 해서 여러분이 변화에 적응할 수 있게 한다. 그렇게 하면 잘못된 길에 들어섰을 때 오래지 않아 그것을 깨달을 수 있기 때문이다.

고객은 시스템 내용의 방향을 결정한다. 고객(내부 고객 또는 외부 고객)은 처음부터 시스템이 해결해야 하는 문제가 무엇인지 대강의 생각을 가지고 있다. 하지만 문제를 해결하려면 소프트웨어가 정확히 어떤 일을 하도록 만들어야 하는지는 대개 알지 못한다. 이것이 소프트웨어 개발이 운전처럼, 자동차의 방향을 한 번 맞춰놓고 그냥 유지하면 안 되는 것과 같은 까닭이다. 팀에 들어와 있는 고객은 비록 이번 주에 소프트웨어가 **어디로 갈지** 매주 결정을 내리면서도, 멀리 지평선 위 어느 지점이 목표 지점인지 마음속에 늘 생각해야 한다.

자기 팀이 소중하게 생각하는 가치를 표현하기 위해 하는 행동들은 장소에 따라, 일시에 따라, 팀에 따라 다르다. 고객이 시스템 내용의 방향키를 잡듯, 전체 개발팀은 개발 프로세스의 방향키를 잡는데, 이것은 현재 쓰는 실천들의 집합에서 시작된다. 개발을 진행하면서 팀은 자기네 실천사항 가운데 어떤 것이 팀을 목표 쪽으로 이끌어 가며, 어떤 것이 팀을 목표에서 멀어지게 하는지 깨닫는다. 실천사항 하나하나가 효율성, 의사소통, 자신감, 생산성을 개선하는 실험이다.

3장

Extreme Programming Explained

가치, 원칙, 실천방법

소프트웨어 개발에 대한 새로운 사고법과 실천방법을 명확하게 전달하려면 무엇이 필요할까? 정원을 가꾸는 기본적인 기술들은 책 한 권만 읽으면 쉽게 익힐 수 있지만, 그것만으로는 정원사가 되지 못한다. 내 친구 폴은 정원에 관한 일에는 달통한 도사다. 나도 땅을 파고 풀을 심고 물을 주고 잡초를 뽑을 수는 있지만, 정원일 도사는 아니다.

폴과 나의 차이점은 무엇일까? 첫째, 폴은 나보다 많은 기술을 알고 있으며, 우리 둘 다 아는 기술이라도 그의 솜씨가 더 뛰어나다. 땅을 파거나 식물을 심지 못하면서 자기가 정원일을 할 줄 안다고 말할 수는 없기 때문에, 기술은 분명 중요하다. 이 수준에서의 지식과 이해를 **실천방법**, 즉 우리가 실제로 하는 것들이라고 부르기로 하자. 실천방법은 여러분이 매일 하는 일이다. 실천방법을 명기specify하는 일이 유용한 까닭은 이것들이 명확하고 객관적이기 때문이다. 테스트는 코드를 변경하기 전에 먼저 작성하거나, 그렇지 않거나 둘 중 하나다. 실천방법이 유용한 다른 까닭은 여러분에게 첫발을 내딛는 지점이 되어 주기 때문이다. 소프트웨어 개발에 대해 깊게 이해하기 훨씬 전부터 여러분은 코드를 변경하기에 앞서 테스트를 먼저 작성한다는 실천방법을 써볼 수 있으며, 또 그렇게 함으로써 이익을 볼 수 있다.

하지만 내가 정원일의 실천방법에 대해 폴만큼 알게 된다고 해도, 나는 여전히 정원사라고 할 수는 없다. 폴은 정원 일에서 어떤 것이 좋고 어떤 것이 나쁜지에 대해 고도로 발달된 감각을 지니고 있다. 폴은 어떤 정원을 죽 훑어본 후 그 정원에서 무엇이 잘 되어 있고 무엇이 잘 되어 있지 않은지 감각적으로 느낄 수 있다. 내가 가지치기를 제대로 할 수 있는 능력을 자랑스러워하는 동안, 폴은 그 나무를 이 정원에서 뽑아버리는 편이 더 낫다는 것을 느낄 수 있다. 그가 이것을 느낄 수 있는 까닭은 나보다 가지치기를 잘해서가 아니라, 정원에서 작용하는 여러 힘들에 대한 전반적인 감각이 뛰어나기 때문이다. 내가 생각하고 궁리해야 알 수 있는 것이 그에게는 간단하고 명백한 것이다.

이 수준의 지식과 이해를 **가치**라 부르기로 하자. 가치는 어떤 상황에서 우리가 좋아하고 좋아하지 않는 것들의 근원이다. 어떤 프로그래머가 "나는 내 작업이 얼마나 걸릴지 추정하고 싶지 않아요."라고 말할 때, 그는 기술에 대한 이야기를 하는 것이 아니다. 그는 이미 추정해 놓았지만, 확정 판단을 다른 사람에게 알렸다가 나중에 그것 때문에 피해를 볼까 두려워서 자기 속 생각을 드러내고 싶지 않은 것이다. 추정치를 세 배로 부풀리면 더 좋다! 추정치에 대해 의사소통을 거부하는 것은 개발 과정에서 사회적 힘들의 작용을 그가 어떻게 보는지에 대해 우리에게 더 깊이 드러내 보여준다. 어쩌면 과거에 억울하게 비난을 받은 적이 있기 때문에 책임지는 위치에 서고 싶지 않은 것일지도 모른다. 이런 경우, 이 프로그래머는 의사소통보다 자기보호에 더 높은 가치를 부여하는 것이다. 가치는 우리가 보고, 생각하고, 실행하는 것을 판단하기 위해 사용하는 큰 규모의 척도다.

가치를 명시하는 일이 중요한 까닭은, 가치가 없이는 실천이 금세 기계적인 활동, 아무런 목적이나 방향도 없이 그냥 그렇게 하라니까 하는 것이 되어 버리기 때문이다. 어떤 결함을 발견한 프로그래머가 그냥 결함을 제거하기만 했다는 말을 들을 때, 나는 기술 문제가 아니라 가치의 문제를 생각한다. 결함 자체는 기술 문제일지 몰라도, 결함에서 배우기를 주저하는 자세는 프로그래머가 배움과 자기 개선에 다른 것만큼의 가치를 부여하지 않는다는 것을 보여준다. 이것은 프로그램이나 조직이나 프로그래머에게 가장 이득이 되는 자세가 아니다. 가치를 생각하며 실천방법을 수행한다는 말은 프로그래머가 어떤 실천방법(이 경우에는 '근본 원인 분석root-cause analysis' 실천방법)을 효과적인 시간에 그것을 해야 하는 명확한 이유를 알고 수행한다는 의미다. 가치는 실천방법에 목적을 부여한다.

실천방법은 가치의 증거다. 가치는 너무 추상적인 개념이라서 무슨 일을 하건 가치를 들먹일 수 있다. "내가 천 장짜리 이 문서를 작성한 이유는, **의사소통이란 가치를 소중히 여기기 때문입니다.**" 이 말은 맞을 수도 맞지 않을 수도 있다. 만약 매일 15분간 이야기하는 것이 그 문서를 작성하는 것보다 의사소통에 더 효과적이라면, 이 문서는 내가 의사소통을 가치 있게 여긴다는 사실을 보여주지 않는다. 내가 할 수 있는 가장 효율적인 방법으로 의사소통하는 것이 의사소통을 가치 있게 여긴다는 것을 보여준다.

실천방법은 명확하다. 내가 아침에 일어선 채로 하는 회의standup meeting를 했는지 안 했는지는 누구나 알 수 있다. 그러나 내가 정말 의사소통을 가치 있게 여기는지는 애매하다. 내가 의사소통을 강화하는 실천방법을 계속 실천하는지 아닌지는 구체적으로 알 수 있다. 가치가 실천방법에 목적을 부여하듯, 실천방법은 가치에 책임을 부여한다.

가치와 실천방법의 차이는 하늘과 땅 만큼이다. 가치는 보편적이다. 그리고 직업에서 나의 가치와 삶의 다른 영역에서 나의 가치가 정확히 일치한다면 이상적일 것이다. 하지만 실천방법은 어떤 상황이냐에 따라 완전히 달라져야 한다. 만약 내가 프로그래밍을 잘하는지 피드백을 받고자 한다면, 끊임없이 내 소프트웨어를 빌드해 보고 테스트해 보는 것은 말이 된다. 하지만 기저귀를 가는 동안 피드백을 받고자 한다면, '끊임없이 빌드하고 테스트하는 것'은 말도 안 되는 일이다. 각각의 행동에서 작용하는 힘들은 완전히 다르다. 기저귀 가는 일에서 피드백을 얻으려면 기저귀를 다 갈고 난 다음 아기를 들어올려 기저귀가 흘러내리는지 보아야 한다. 중간에 테스트할 수 있는 방법은 없다. '피드백'이란 가치는 기저귀 갈기와 프로그래밍이라는 두 행동에서 전혀 다른 형태로 나타난다.

가치와 실천방법 사이를 잇는 다리가 **원칙**이다. (그림 1을 보라.) 원칙은 특정한 영역에서 영원한 지침이 되는 것이다. 정원사로서 폴의 지식은 원칙의 영역에서도 내 지식을 훨씬 능가한다. 내가 금잔화를 딸기 옆에 심어야 한다는 지식을 알지도 모른다. 하지만 폴은 인접한 식물이 서로 약점을 보완해야 한다는 '같이 심기companion planting'의 원칙을 이해하고 있다. 금잔화는 딸기를 먹는 해충 가운데 몇몇을 자연스레 쫓아낸다. 둘을 같이 심는 행동은 실천방법이다. 그러나 '같이 심기'는 원칙이다. 이 책에서 나는 XP의 가치, 원칙, 실천방법을 제시할 것이다.

이것이 내가 책 한 권으로 전달할 수 있는 것의 한계다. 이것은 출발점이 될 수는 있지만, XP를 통달하기에는 이것만으로 충분하지 않다. 아무리 완벽한 정원일에 대한 책이라도 여러분을 정원사로 만들어주지는 않는다. 정원사가 되려면 일단 정원일을 직접 해보고, 그 다음에는 정원사 공동체에 들어가야 하고, 그 다음에는 다른 사람들에게 정원일을 가르쳐 보아야 한다. 그런 다음에야 정원사라고 할 수 있다.

XP에서도 마찬가지다. 이 책을 읽는다고 익스트림 프로그래머가 될 수는 없다. 익스트림 스타일로 프로그래밍하고, XP의 가치를 공유하며, 최소한 여러분의 실천방법 가운데 일부를 공유하는 사람들의 공동체에 참여하고, 그런 다음 여러분이 아는 것을 다른 사람과 공유해야만 익스트림 프로그래머가 될 수 있다.

그림 1) 가치, 원칙, 실천방법

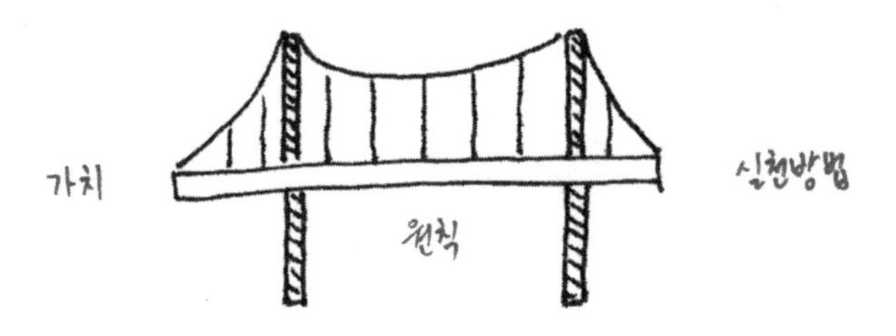

XP의 일부를 공부하고 시도해 보더라도 이익을 얻게 될 것이다. '코드보다 테스트를 먼저 작성하기'를 배우는 것은 여러분의 가치나 여러분이 사용하는 다른 실천방법이 어떤 것이냐에 상관없이 유용하다. 하지만 그것과 익스트림 스타일로 프로그래밍하는 것 사이에는 내가 정원일을 하는 것과 정원 일에 통달하는 것만큼이나 차이가 있다.

4장

Extreme Programming Explained

가치

정원 일에 조예가 깊은 폴은 다음에 무슨 일을 해야 할지 직관적으로 안다. 폴은 어떤 것이 중요하며 어떤 것이 중요하지 않은지 본능적으로 아는 것이다. 새겨져 있는 것이다. 내가 이랑을 똑바로 파는 것을 매우 중요하게 여긴다고 해보자. 그래서 나는 이랑을 직선으로 만들기 위해 심혈을 기울인다. 그런데 폴이 지나가다 이렇게 말한다. "왜 그렇게 열심히 이랑을 직선으로 만들려고 들어? 진짜 필요한 일은 퇴비를 더 많이 주는 거야." 내가 가치 있게 생각하는 것과 정말로 가치 있는 것 사이의 차이에서 낭비가 생긴다.

소프트웨어 개발에 손을 대본 사람이라면 누구나 자기 나름대로 중요하게 생각하는 것이 있다. 어떤 사람은 구현을 시작하기 전에 미리 생각할 수 있는 모든 설계 결정을 주의 깊게 고려하는 것이 중요하다고 생각한다. 다른 사람은 자신의 자유에 제약을 가하지 않는 것이 정말 중요한 일이라고 생각한다.

윌 로저스[1]가 말한 것처럼, "문제는 자네가 모르는 것 때문에 생기는 게 아냐. 잘못 아는 데서 생기지." 사람들이 소프트웨어 개발에 대해 '그냥 아는 것' 때문에 내가 경험하는 가장 큰 문제점은 사람들이 개인의 행동에 초

1) 역자 주: 1879~1935. 미국의 유머작가이자 연예인

점을 맞춘다는 것이다. 정작 중요한 것은 한 개인이 어떻게 행동하느냐가 아니라 그 개인이 팀의 일원이나 조직의 일원으로서 어떻게 행동하느냐다.

예를 들어, 사람들은 코딩 스타일에 집착한다. 물론 좋은 스타일과 나쁜 스타일이 있겠지만, 스타일에서 가장 중요한 문제는 팀이 공통된 스타일을 지향하고 있는지 여부다. 특이한 코딩 스타일과, 그런 스타일이 표현하는 가치인 개인의 자유를 무엇보다 우선시하는 것은 팀의 성공에 도움이 되지 않는다.

만약 팀의 모든 구성원이 팀에게 중요한 것에 초점을 맞추기로 결정했다고 하자. 그렇다면 팀에게 중요한 것이란 과연 무엇일까? XP는 개발을 이끌기 위한 다섯 가지 가치를 포용한다. 그것들은 의사소통, 단순성, 피드백, 용기, 존중이다.

의사소통

팀 소프트웨어 개발에서 가장 중요한 것은 의사소통이다. 개발 과정에서 문제가 생겼을 때, 누군가 이미 그 문제의 해결책을 알고 있는 경우가 정말 많다. 하지만 그런 지식이 문제 해결의 변화를 만들 힘이 있는 사람에게 전달되지 못하곤 한다. 개인이 자신의 직관을 무시할 때에도 이런 상황이 벌어지지만, 사람들 사이의 의사소통이 문제인 경우엔 그 영향이 더욱 부정적이다.

의사소통이 부족해서가 아니라 지식이 부족해서 생기는 문제들도 있다. 이런 문제들은 발생하기 전에 미리 손쓸 방법이 없다. "폴란드어 윈도우에서는 Ctrl-Shift-S가 이미 예약된 단축키래. 누가 그걸 상상이나 했겠어?" 그래도 사람을 놀래키는 이런 종류의 문제를 일단 찾은 다음에는 의사소통이 문제 해결에 도움이 된다. 예를 들어, 과거에 비슷한 문제를 경험한 사람들의 이야기를 들어볼 수도 있다. 팀 전체가 모여 어떻게 해야 이런 문제가 다시는 일어나지 않도록 할 수 있을지에 대해 이야기해볼 수도 있다.

이런 이야기를 듣다 보면 모든 사람이 '서로 아끼고 나누는 마음으로' 모여 앉아 이야기를 나누지만 실제로 되는 일은 하나도 없는 영원한 친교모임이라는 인상을 받을지도 모른다. 팀이 지키는 다른 가치들이 그렇게 되지 않도록 막아준다. 하지만 의사소통 없는 움직임은 전진이 아니다.

어떤 문제에 맞닥뜨릴 경우, 이 문제가 의사소통의 부재 때문에 생긴 게 아닌지 자신에게 질문해 보라. 지금 이 문제를 해결하려면 어떻게 의사소통해야 할까? 앞으로 이런 종류의 문제를 피하려면 어떻게 의사소통해야 할까?

우리는 한 팀이라는 느낌을 만들고 효과적으로 협동하려면 의사소통이 중요하다. 하지만 효과적인 소프트웨어 개발에 필요한 것은 의사소통만이 아니다.

단순성

단순성은 XP의 가치 가운데 가장 강력하게 지적인 가치다. 오늘의 문제만 우아하게 해결할 만큼 단순한 시스템을 만드는 것, 그것은 어려운 일이다. 어제의 단순한 해결책이 오늘에도 유효한 경우가 있다. 하지만 그것이 너무 단순하거나 너무 복잡하게 보이는 경우도 있다. 단순성을 회복하기 위해 변화를 만들어야 할 때에, 여러분은 지금 있는 위치에서 앞으로 있고 싶은 위치까지 가는 길을 발견해내야만 한다.

나는 사람들에게 이 질문에 대해 생각해 보라고 요구한다. 제대로 작동할 만한 (효과가 있을 법한) 가장 단순한 것은 뭘까? 이 질문의 비판자들은 이 질문의 앞 절반을 놓치는 듯하다. "흠, 매우 중요한 보안과 안정성 제약조건을 지켜야 하기 때문에 절대로 우리 시스템을 단순하게 만들 수 없을 것 같군요." 나는 지나치게 단순해서 일이 제대로 되지도 못할 방법을 생각하라고 요구하는 것이 아니다. 내 요구는 여러분의 생각을 불필요한 복잡성을 제거하는 쪽으로 기울이라는 것이다. 만약 보안 문제 때문에 원래대로라면 프로세서 하나로도 될 시스템을 프로세서 두 개로 분할해야 한다면, 내가 이해하는 한도 안에서는 그 결과가 단순한 방법이다. 이것보다 더 좋은 해결책은 그 보안 문제를 프로세서 하나를 쓰면서도 해결할 방법을 찾을 수 있는 경우에만 존재할 수 있다.

따라서 단순성의 의미는 상황에 따라 결정된다. 만약 내가 파서를 작성하는데 내가 속한 팀이 파서 생성기라는 개념을 이해하고 있다면, 파서 생성기를 사용하는 것이 단순한 것이다. 만약 팀이 파싱에 대해 아무것도 모르고 파싱해야 할 언어가 간단하다면, 재귀적 하향 파서recursive descent parser가 더 단순한 것이다.

나는 가치들이 서로 균형을 잡으면서도 상생해야 한다는 점을 고려했다. 의사소통을 개선하면 오늘의 문제에서 불필요한 요구사항이나 뒤로 미룰 수 있는 요구사항을 제거할 수 있으므로 단순성을 성취하는 데도 도움이 된다. 단순성을 성취하면 그만큼 의사소통해야 할 것도 줄일 수 있다.

피드백

고정된 방향이 오랫동안 유효한 경우는 없다. 소프트웨어 개발의 세부사항이나 시스템의 요구사항이든 혹은 시스템의 아키텍처든 무엇을 논하건 상관없이. 경험해 보기 전에 정해진 방향은 특히 수명이 짧다. 변화는 불가피하지만, 변화는 피드백을 필요하게 만든다.

덴마크 아르후스에서 내가 하루 종일 한 강연이 기억난다. 강의가 진행될수록 앞줄에 앉은 한 참가자의 얼굴이 점점 흐려지더니, 마침내 그는 더 참지 못하게 되었다. "처음에 아예 제대로 하면 훨씬 쉽지 않을까요?" 물론 그렇다. 하지만 그럴 수 없는 까닭이 세 가지 있다.

- 어떻게 하는 것이 '제대로' 하는 것인지 아직 모를 수 있다. 우리가 처음 보는 종류의 문제를 푼다면, 문제를 풀 가능성이 있다고 여겨지는

해결책이 여러 개 존재할지도 모르고, 뚜렷한 해결책이 아예 보이지 않을지도 모른다.

- 오늘은 제대로 돌아가던 것이 내일은 그렇지 않을지도 모른다. 우리의 통제능력이나 예측능력 밖에서 일어나는 변화는 어제의 결정을 쉽게 무효로 만들 수도 있다.
- 오늘 모든 것을 '제대로' 하는 데에 시간이 너무 걸려서 해결책을 다 구현하기도 전에 내일의 바뀐 상황이 그 해결책을 무효로 만들지도 모른다.

한번에 완벽하게 해결하기를 바라는 것보다 점진적 개선에 만족하기 때문에 우리는 피드백을 이용해 목표에 점점 더 가까이 다가간다. 피드백은 여러 가지 형식으로 우리에게 들어온다.

- 어떤 생각에 대한 여러분 자신 또는 팀 동료들의 의견은 어떤가
- 그 생각을 구현해 보았을 때 코드가 어떻게 보이는가
- 테스트를 쉽게 작성할 수 있는가 그렇지 않은가
- 테스트가 돌아가는가 그렇지 않은가
- 어떤 아이디어를 구현, 배치한 후 어떻게 작동하는가

XP 팀은 팀이 다룰 수 있는 한도 내에서 최대한 빨리, 최대한 많은 피드백을 만들기 위해 노력한다. XP 팀은 피드백 주기를 주 단위나 월 단위에서 분 단위나 시간 단위로 줄이기 위해 노력한다. 빨리 알수록 빨리 적응할 수 있기 때문이다.

피드백의 양이 너무 많은 상황도 생길 수 있다. 팀이 중요한 피드백들에 미처 대응하지 못한다면, 제대로 대응할 수 있을 정도까지 (속도를 늦추는 것이 아무리 불만스러울지라도) 피드백 주기의 속도를 늦춰야 한다. 그런 다음에 팀은 피드백 양의 초과를 불러들인 근본 원인들을 해결할 수 있다.

예를 들어, 릴리즈 방식을 분기별 릴리즈로 바꾸었는데, 갑자기 대응할 수 있는 것보다 더 많은 결함 보고가 다음 분기의 릴리즈 이전에 들어왔다고 해보자. 그런 상황에서는 결함 보고에 대응하면서도 여전히 새로운 기능들을 개발할 수 있을 때까지 릴리즈를 늦춰야 한다. 왜 결함을 그렇게 많이 만들었는지 파악하거나 왜 결함을 해결하는 일에 시간이 그렇게 오래 걸리는지 알아내는 데 시간을 들여라. 이 기본적인 문제를 해결한 다음에야 분기별 릴리즈를 다시 시작하고 피드백 기계도 다시 돌리기 시작할 수 있다.

피드백은 의사소통의 핵심이다. "성능이 문제가 될까요?" "잘 모르겠는데요. 간단한 성능 프로토타입을 만들어서 확인해 보죠." 피드백은 단순성에도 기여한다. 세 가지 해결책 가운데 어떤 것이 가장 단순한 방법일까? 셋 다 시도해 보고 판단하라. 똑같은 것을 세 번이나 구현하는 것이 노력의 낭비처럼 보일지도 모르지만, 그렇게 하는 것이 여러분이 만족할 수 있을 정도로 단순한 해결책에 도달하는 가장 효율적인 방법일 수 있다. 동시에, 시스템이 단순할수록 시스템에 대한 피드백도 더 쉽게 받을 수 있다.

용기

용기는 두려움에 직면했을 때 가장 효과적인 행동이다. 어떤 사람들은 정찰 중인 병사가 건물의 어두운 출입구로 들어가는 상황 정도는 돼야 '용기' 라는 말을 쓸 수 있다며 이 단어를 사용하는 것에 반대한다. 병사가 보이는 물리적인 용기의 의미를 퇴색시킬 생각은 전혀 없지만, 소프트웨어 개발에 종사하는 사람들도 두려움을 느낀다는 것은 분명히 사실이다. 이들이 자신의 두려움을 어떻게 다루는지가 그들이 팀의 일원으로 효율적으로 기능하는지 가르는 기준이 된다.

어떤 경우에 용기는 행동을 중시하는 형태로 나타나기도 한다. 문제가 무엇인지 안다면, 그것에 대해 무슨 일이든 해보는 것이다. 어떤 경우에는 용기가 인내로 나타나기도 한다. 문제가 있다는 것은 알지만 정확히 무엇인지 모를 경우, 그 문제가 뚜렷하게 나타날 때까지 기다리는 데에도 용기가 필요하다.

견제할 다른 가치 없이 용기를 중요한 가치로 삼는 것은 위험하다. 결과를 생각해 보지 않고 어떤 일을 하는 것은 효과적인 팀워크가 아니다. 두려울 때면 다른 가치들을 무엇을 해야 할지에 대한 가이드로 삼아 팀워크를 북돋아 주도록 한다.

용기는 홀로 있을 때는 위험하지만, 다른 가치들과 조화를 이룰 때 강력해진다. 진실을 말하는 것이 즐겁든 아니든, 진실을 말할 수 있는 용기는 의사소통과 신뢰를 자라게 한다. 실패하는 해결책을 버리고 새로운 해결책을 찾아 나서는 용기는 단순함을 북돋운다. 진짜 답변, 구체적인 답변을 추구하는 용기는 피드백을 낳는다.

존중

앞선 네 가치를 살펴보고 나면 다른 가치들의 뒤에 숨은 가치인 존중이 드러난다. 만약 팀의 구성원들이 서로 고려하지 않고 다른 사람이 하는 일들에 신경 쓰지 않는다면, 제대로 XP를 할 수 없다. 만약 팀원들이 프로젝트를 소중하게 여기지 않는다면 어떠한 것도 그 프로젝트를 살려낼 수 없다.

자기 삶이 소프트웨어 개발과 맞닿아 있는 모든 사람은 인간으로서 동등한 가치를 지닌다. 다른 사람보다 본질적으로 더 가치 있는 사람은 아무도 없다. 소프트웨어 개발에서 생산성과 인간성을 동시에 개선하려면, 팀에 속한 모든 개인의 기여를 존중해야 한다. 나도 중요한 사람이고 당신도 중요한 사람이다.

다른 가치들

의사소통, 단순성, 피드백, 용기, 존중만이 소프트웨어를 효과적으로 개발하게 할 수 있는 가치는 아니다. 이것들은 XP를 이끄는 가치다. 여러분의 조직, 여러분의 팀, 여러분 자신은 다른 가치들을 선택할 수도 있다. 제일 중요한 것은 팀이 신봉하는 가치에 팀의 행동이 어울리도록 만드는 것이다. 그렇게 하면 여러 가치 집합을 동시에 유지하려고 노력할 때 생기는 낭비를 최소로 줄일 수 있다.

다른 중요한 가치들에는 안전성, 보안, 예측가능성, 삶의 질 등이 들어간다. 이 가치들을 팀 가치로 신봉한다면, 여러분의 실천방법들의 형태는 XP 가치들을 지킬 때와 다른 방식으로 만들어질 것이다.

가치는 소프트웨어를 개발할 때 무엇을 **해야 하는지** 구체적으로 충고해주지는 않는다. 가치와 실천방법 사이의 간극 때문에, 우리는 이 둘 사이를 이어줄 다리가 필요하다. 원칙은 이때 우리에게 필요한 도구다. 실천방법들로 뛰어들기 전에, 나는 다음 장에서 XP의 가치들과 조화를 이루는 실천방법들을 찾기 위해, 특정 영역에 한정된 지침들의 집합인 XP의 원칙들을 소개하려고 한다.

5장

Extreme Programming Explained

원칙

가치는 너무 추상적이라 행동의 직접적인 지침으로 삼을 수가 없다. 기다란 문서를 만드는 목적도 의사소통을 하기 위해서고, 매일 나누는 대화 역시 목적은 의사소통이다. 그렇다면 둘 중 어느 것이 가장 효과적인 방법일까? 이 질문의 답은 부분적으로는 상황에 따라, 부분적으로는 지적인 원칙intellectual principle에 따라 달라진다. 이 경우, 대화는 다른 사람과 관계 맺고 싶어 하는 인간의 기본 욕구를 충족시켜 주기 때문에, 인간다움의 원칙에 따르자면 다른 조건이 동일하다는 전제 하에 대화가 더 나은 의사소통 형식이다. 글로 하는 의사소통은 본래 낭비 요소가 많다. 글로 쓰면 더 많은 사람에게 의사를 전달할 수 있긴 해도, 이것은 단방향 의사소통이다. 대화를 나눈다면 말을 분명하게 다시 들어볼 수도 있고, 즉각 피드백을 받을 수도 있고, 브레인스토밍도 함께 할 수 있고, 그 외에도 문서로는 할 수 없는 것들을 할 수 있다. 의사소통이 글을 통해 이루어진다면 사람들은 그것을 의심할 여지 없는 사실로 받아들이거나 아예 완전히 거부해 버리기 쉽다. 두 태도 모두 활발한 의사소통에는 도움이 되지 않는다.

여기에 소프트웨어를 개발할 때 지침이 될 수 있는 원칙을 전부 모아놓지는 않았다. 예를 들어, 안전이 매우 중요한safety-critical 시스템을 개발할 때에는 추적 가능traceability의 원칙을 지켜야 한다. 어떤 시점에서든지 수행된 작업부터 사용자들이 명시적으로 표현한 요구까지 경로를 되짚어 올라갈 수 있어야 한다. 어떤 작업도 혼자 저절로 수행되어서는 안 된다. 여러분이 안전이 매우 중요한 시스템을 만든다면, 여러분의 시스템이 인증을 받기 위해서는 추적 가능의 원칙을 지키는 것이 중요하다. 하지만 추적 가능의 원칙이 모든 소프트웨어에 적용할 만한 원칙은 아니므로, 나는 여기 원칙들의 목록에 그것을 넣지 않았다. 여러분은 자기 팀에서 사용하는 실천 방법들의 지침이 되는 다른 원칙들을 가지고 있을 수도 있지만, 여기에는 XP의 지침이 되는 원칙들이 나와 있다.

인간성

소프트웨어는 인간이 개발한다. 이 단순하고도 피할 수 없는 사실에 현재 나와 있는 개발 방법론 대부분을 무효화할 만한 힘이 있다. 소프트웨어를 개발할 때 우리는 흔히 인간으로서 가지는 욕구를 충족시켜 주지 않고, 인간이 약한 존재임을 인정하지 않으며, 인간의 장점을 살리려고 들지 않는다. 인간이 소프트웨어를 작성한다는 사실을 무시하면 개발에 참여하는 사람들이 큰 대가를 치르게 된다. 그들의 인간성은 인간적 욕구를 인정하지 않는 비인간적인 프로세스 때문에 마모되어 버린다. 이것은 비즈니스 측면에서도 좋지 않다. 높은 이직률은 많은 비용과 업무 중단을 초래하며, 또 사람들이 창조력을 발휘할 기회도 놓치게 만들기 때문이다.

좋은 개발자가 되기 위해 어떤 것들이 필요할까?

- **기본적인 안전** - 배고픔, 물리적 상해, 사랑하는 사람에 대한 위협에서 자유로워야 한다. 실직에 대한 두려움은 이 욕구를 위협한다.
- **성취감** - 자신이 속한 사회에 기여할 수 있는 기회와 능력
- **소속감** - 어떤 집단에 자신이 속함을 느끼고, 그 집단에서 자신의 존재

이유와 책임감을 끌어내며, 그 집단 구성원들이 공유하는 목표에 기여할 수 있는 능력

- **성장** - 자신의 기술과 시야를 확장할 수 있는 기회
- **친밀감** - 다른 사람을 깊게 이해하고 다른 사람들에게도 깊이 이해 받을 수 있는 능력

나는 XP의 실천 방법들이 비즈니스적 욕구와 개인적 욕구를 모두 다 충족시키기 때문에 그것들을 선택했다. 휴식, 운동, 사회활동 같은 다른 인간적 욕구도 존재하지만, 이것들은 굳이 업무 환경에서 충족할 필요가 없는 욕구들이다. 팀에서 떨어져 있는 시간은 개인이 더 많은 에너지와 더 넓은 시야를 얻은 후 그것들을 가지고 다시 팀으로 돌아올 수 있도록 해준다. 업무 시간에 제한을 두면 이러한 기타 인간적 필요를 위한 시간이 생기고, 팀과 함께 있는 동안 각자 더 나은 기여를 할 수 있다.

팀 소프트웨어 개발이 직면하는 도전 가운데 하나는 개인의 욕구와 팀의 욕구의 균형을 맞추는 일이다. 팀의 욕구가 여러분의 장기 개인 목표와 상통한다면 어느 정도의 희생은 감수할만 할지도 모른다. 그러나 팀을 위해 언제나 자신의 욕구를 희생하는 것은 좋은 결과를 낳지 못한다. 만약 내게 사생활이 필요하다면, 팀에 해를 끼치지 않으면서도 내 욕구를 충족시킬 방법을 찾을 책임이 내게 있다. 뛰어난 팀의 놀라운 점은 팀 구성원들이 서로 신뢰를 쌓은 후에는 함께 일하는 것의 결과로 자신에게 더욱 충실해질 자유가 생긴다는 점을 팀 구성원들이 깨닫는 것이다.

친밀감은 참 좋은 것이지만, 일은 일이다. 상세한 개인 생활 이야기는 팀의 의사소통에 혼란을 일으킨다. 내가 전에 대화를 나눈 적 있는 어떤 팀에서는, 한 사람이 팀에 익숙해지자마자 자기 개인 삶에 대해 매일 아침 말하고 다녔다고 한다. 그 사람의 사적인 이야기를 듣는 걸 좋아한 사람은 아무도 없었지만 그들은 어떻게 대처해야 할지 몰랐다. 마침내, 팀 고참이 그 사람을 따로 불러내서 사적인 일은 사적으로 처리하라고 요청했다고 한다.

나는 내 삶을, 배우자하고만 이야기하는 사적인 일들, 내가 신뢰하는 사람들하고만 이야기하는 개인적인 일들, 누구와 이야기해도 상관없는 공적인 일들로 구분하려고 노력한다. 어떤 것이 어디에 속하는지 가려내는 것은 쉬운 일이 아니며, 누가 신뢰해도 좋은 사람인지 알아내는 것 역시 쉬운 일이 아니다. 이렇게 구분함으로써 누릴 수 있는 보상은, 잘 구분될 경우 업무에서 효율적인 의사소통을 할 수 있게 되며 삶의 모든 측면에서 귀중한 관계들을 얻게 된다는 것이다.

경제성

이 모든 것에 대해 결국 누군가 돈을 지불해야 한다. 경제성을 인정하지 않는 소프트웨어 개발은 '기술적 성공'이라는 공허한 승리만 얻을 위험이 있다. 여러분이 하는 일이 비즈니스 가치를 지니고, 비즈니스 목표에 부합하며, 비즈니스 필요를 충족하는지 확실히 해두어라. 예를 들어 프로젝트에서 우선순위가 가장 높은 비즈니스적 필요부터 해결한다면, 그 프로젝트의 가치는 극대화된다.

돈의 시간적 가치, 그리고 시스템과 팀의 선택적 가치가 소프트웨어 개발에 영향을 주는 경제성의 두 측면이다. 돈의 시간적 가치란, 오늘의 천 원이 내일의 천 원보다 가치가 있다는 것이다. 돈은 더 일찍 벌어들이고 비용은 더 나중에 지불하는 소프트웨어 개발은 가치가 더 있다. 점진적 설계 실천방법에서는 돈 쓰는 일을 뒤로 미루기 위한 노력의 일환으로, 명시적으로 설계에 대한 투자를 끝내 해야만 하는 순간last responsible moment까지 미룬다. 사용한 만큼 비용을 지불하는 실천방법Pay-Per-Use, PPU은 어떤 기능이 배치되자마자 그것에서 수익을 실현시켜낼 수 있는 방법을 제공해 준다.

소프트웨어 개발에서 경제적 가치의 두 번째 근원은 미래의 선택사항을 늘리는 데에서 오는 가치다. 만약 내 미디어 일정관리 프로그램을 다양한 일정 관련 작업용으로 재배치할 수 있다면, 원래 목적으로 삼은 기능으로만 쓰는 경우보다 훨씬 가치가 있다. 모든 실천방법에는, 꼭 필요하지 않은 유연성에는 투자하지 않는 방법으로 돈의 시간적 가치에 신경 쓰면서도 동시에 소프트웨어와 팀 둘 다의 선택적 가치를 높이려는 의도가 들어 있다.

상호 이익

모든 활동은 그 활동에 관련된 모든 사람에게 이익이 되어야 한다. 상호 이익은 가장 중요한 XP의 원칙이지만 가장 고수하기 힘든 원칙이기도 하다. 어떤 문제든 한 쪽에는 이익이 되지만 다른 쪽에는 손해가 되는 해결책이 있기 마련이다. 상황이 급박할 때에는 이런 해결책들에 끌리기 쉽다. 하지만 이런 해결책들은 언제나 결과를 따져 보면 손해다. 왜냐하면 그런 해결책을 사용했을 때 생겨나는 편치 않은 감정들이 우리가 소중하게 여겨야 할 관계들을 손상시키기 때문이다. 컴퓨터 비즈니스는 사실 사람 장사이므로 원활한 인간관계를 유지하는 것은 매우 중요한 일이다.

소프트웨어 내부에 대한 설명 문서를 대량으로 작성하는 것은 상호 이익 원칙에 위배되는 실천방법의 한 예다. 장래 누군지 알지도 못하는 사람이 혹시 코드를 유지보수할지도 모르니까 그것을 쉽게 해주기 위해서 지금 내 개발 속도를 현저하게 떨어뜨리라는 뜻이니까 말이다. 만약 그때에도 지금 만든 문서가 유효하기만 하다면야 미래에 올 사람에게 어떤 이익이 있을지도 모르겠지만, 현재의 이익은 없다.

XP에서는 이런 '미래와 의사소통하기' 문제를 상호 이익이 되는 방법으로 해결한다.

- 나는 오늘 더 나은 설계와 구현을 하도록 도와주는 자동화된 테스트들을 작성한다. 그리고 그 테스트들을 미래 프로그래머들도 쓸 수 있게 남겨 놓는다. 이러한 실천방법은 지금 내게도 이익이 되고 미래 유지보수자에게도 이익이 된다.

- 나는 우발적인 복잡성을 제거하기 위해 신중하게 리팩터링한다. 이것은 내게 만족감을 주며, 결함의 숫자도 줄여주는데다가, 나중에 이 코드를 볼 사람이 그것을 더 이해하기 쉽게 해준다.
- 나는 일관성 있고 명시적인 메타포 집합에서 이름을 골라 쓴다. 그러면 내 개발 속도도 높아지고 새로 오는 프로그래머들에게도 코드가 더 명확하게 보인다.

여러분의 제안을 사람들이 수용하기 원한다면, 그것이 야기하는 문제의 수보다 그것이 해결해 주는 문제의 수가 더 많아야 한다. XP의 상호 이익 원칙은 내게 지금 이익이 되고, 나중에도 이익이 되고, 내 고객에게도 이익이 되는 실천방법들을 찾는 것이다. 윈윈윈win-win-win 실천방법들은 당장의 고통도 줄여주기 때문에 그것을 채택하도록 설득하기가 더 쉽다. 예를 들어, 해결하기 어려운 어떤 결함을 붙잡고 씨름하는 사람은 기꺼이 테스트 우선test-first 프로그래밍을 배울 것이다. 어떤 것이 지금 내게 이익이 될 때, 그 일이 남을 돕는 것이라는 사실을 받아들이기 더 쉽다. 그것이 지금이 되건 나중이 되건 간에.

자기유사성Self-Similarity

어느 날 나는 사르디니아 섬의 해안선을 따라 걷고 있었다. 작은 조수 웅덩이를 하나 보았는데, 직경은 60센티미터쯤 되고 모양은 그림 2처럼 생겼다. 고개를 들어보니 내가 걷고 있는, 직경이 1.6킬로미터쯤 되는 만이 그 웅덩이와 대충 비슷한 모양이라는 것이 눈에 들어왔다. '자연의 지리에 프랙탈 성질이 있음을 보여주는 멋진 예로군.' 하고 속으로 생각했다. 이 모양은 사실 섬 전체 지도의 북서쪽 모서리 부분에서도 찾아볼 수 있다. 자연은 어떤 형태가 효과적이라는 사실을 발견하면, 그 형태를 이용할 수 있는 곳이라면 어디에나 그것을 이용한다.

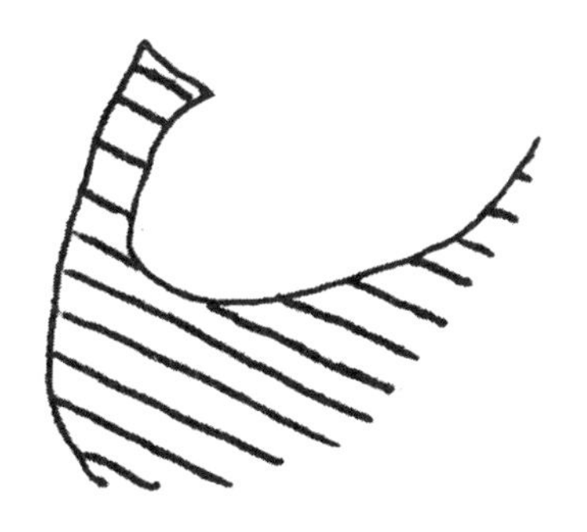

그림 2. 자연적으로 생겨 나는 모양

동일한 원칙이 소프트웨어 개발에도 적용된다. 어떤 해결책의 구조를 다른 맥락에, 심지어 규모에 차이가 있는 다른 맥락일지라도 그대로 적용해 보라. 예를 들어 보자. 개발의 기본 흐름은 일단 실패하는 테스트를 작성하고, 그 다음으로 그 테스트를 통과하도록 만드는 것이다. 이 흐름은 여러 다른 규모에서도 그대로 작용한다. 분기 단위에서는, 해결하고 싶은 주제들을 목록으로 만들고 그걸 다시 스토리 여러 개로 만들어 해결한다. 일주일 단위에서는, 해결하고 싶은 스토리들을 목록으로 만들고, 그 스토리들을 표현하는 테스트들을 작성하고, 그런 다음 그 테스트들을 통과하도록 만든다. 몇 시간 단위에서는, 여러분이 작성해야 할 필요가 있다고 생각하는 테스트들을 목록으로 만들고, 테스트를 하나 작성하고, 그 테스트를 통과하도록 만들고, 다른 테스트를 작성하고, 두 테스트 모두 통과하도록 만들고 하면서 목록이 비워질 때까지 일한다.

자기유사성이 소프트웨어 개발에서 언제나 효과를 발휘하는 원칙은 아니다. 한 맥락에서 효과적인 구조가 다른 상황에서도 반드시 효과적이라는 법은 없다. 그래도 어떤 일을 시작하기에 좋은 방법이긴 하다. 마찬가지로, 어떤 해결책이 유별난 것이라고 반드시 나쁜 것은 아니다. 상황에 따라 정말로 유별난 해결책이 필요한 경우도 있다.

『Extreme Programming Explained』의 초판에서 일주일 주기에 대한 내 조언은 폭포수 모델과 훨씬 유사했다. 나는 코드를 먼저 작성하고, 그 다음에 그 코드가 제대로 동작하는지 확인하기 위해 테스트를 하라고 말했었다. 나는 그때 자기유사성에 주의를 기울였어야 했다. 구현을 시작하기에 앞서 시스템 차원의 테스트를 먼저 가지고 있다면, 설계를 단순화하고 스트레스를 줄이고 피드백을 개선할 수 있다.

개선

소프트웨어 개발에서는 '완벽하다' 는 없고 '완벽해지도록 노력한다' 만 있다. 완벽한 프로세스는 없다. 완벽한 설계도 없다. 완벽한 스토리도 없다. 하지만 프로세스나 설계, 스토리를 완벽하게 만들려고 노력하는 것은 가능하다.

'최선은 차선의 적' 이라는 말은 완벽을 기다리는 것보다는 평범한 것이라도 있는 게 낫다는 뜻이다. 이 표현은 XP의 요점을 놓치고 있다. XP란 개선을 통해 탁월한 소프트웨어 개발에 도달하는 것이다. XP의 주기는 오늘 할 수 있는 최선을 다하고, 내일 더 잘하기 위한 깨달음과 이해를 구하려고 노력하는 것이다. 이것은 완벽을 기다리면서 시작을 미루라는 뜻이 아니다.

가치를 실천방법으로 옮기는 과정에서, 어떤 행동을 바로 시작하되 결과는 오랜 시간에 걸쳐 다듬는 실천방법들 속에서 개선의 원칙이 드러난다. '분기별 주기' 실천방법은, 장기 계획은 경험에 비추어 개선될 수 있다는 가능성의 표현이다. '점진적 설계' 실천방법은 시스템의 설계를 다듬음으로써 개선의 원칙을 실천한다. 현실 설계에서 이상적인 설계를 완벽하게 반영할 수는 없겠지만, 그 둘의 간극을 좁히기 위해 날마다 노력하는 일은 가능하다.

소프트웨어 개발 기술의 역사는 노력의 낭비를 조금씩 없애가는 추세를 우리에게 보여준다. 예를 들어, 기호 어셈블러symbolic assembler는 기계어를 물리적 비트 인코딩으로 옮기는 지루하고 소모적인 작업을 없애 주었다. 그 다음 '자동 프로그래밍automatic programming' 은 추상적으로 기술된 프로그램을 어셈블리 언어로 옮기는 지루하고 소모적인 작업을 없애주었다. 이런 식으로 자동 메모리 할당 해제까지 추세는 계속된다. 발전된 기술은 소모적 노력을 제거하고 있는 반면, 개발 조직에서 끊임없이 심해지는 완고성과 사회적 구조의 분화는 점점 더 소모적이 되어 간다. 개선의 열쇠는 이 둘을 화해시키는 것, 곧 새로 발견한 기술적 효율성을 이용해 새롭고 더 효과적인 사회관계를 가능케 하는 것이다. 완벽해질 때까지 기다리지 말고 개선을 실천하라. 어떤 것부터 시작하면 좋을지 찾아보고, 일단 시작한 다음 거기서부터 차츰 개선하도록 한다.

다양성

소프트웨어 개발 팀에서 모든 구성원이 비슷비슷한 종류의 사람이라면 같이 지내기는 편안해도 개발에는 효과적이지 않다. 문젯거리와 함정들을 발견하려면, 문젯거리들을 해결할 방법을 여러 가지 생각해 내려면, 생각해 낸 해결책들을 실제로 구현하려면, 팀 안에 다양한 종류의 기술, 사고방식, 시야들이 모여 있어야 한다. 팀에는 다양성이 필요하다.

다양성이 있으면 갈등도 따라오기 마련이다. "우리는 서로 싫어하기 때문에 함께 일할 수 없어." 같은 종류의 갈등이 아니라, "이걸 해결하는 방법은 두 가지야." 같은 종류의 갈등이다. 두 해결 방법 가운데 무엇을 선택해야 할까?

어떤 설계에 대한 생각이 두 가지 나왔다면, 이것은 문제가 아니라 기회다. '다양성'의 원칙은 프로그래머가 문제를 해결하기 위해 협동할 것과, 두 의견을 모두 존중할 것을 권한다.

팀이 갈등을 잘 해결하지 못한다면 어떻게 해야 할까? 갈등이 없는 팀은 없다. 관건은 갈등을 생산적으로 풀 수 있는가다. 다른 사람을 존중하면서 자신에도 충실하다면 스트레스가 쌓이는 상황에서도 원활한 의사소통을 할 수 있다.

다양성 원칙은 '전체 팀Whole Team' 이라는 실천방법으로 표현되는데, 이것은 다양한 기술과 시야를 지닌 사람들을 끌어 모아 팀을 만들라는 실천방법이다. 다양한 계획 주기 역시 다른 시야를 지닌 사람들이 정해진 시간 내에 가장 값진 소프트웨어를 만드는 공통 목적을 가지고 상호 작용할 수 있도록 장려한다.

반성Reflection

좋은 팀은 그저 일만 하지 않으며, **어떻게** 일하는지 **왜** 일하는지도 생각한다. 그들은 자신들이 왜 성공했으며 왜 실패했는지 분석한다. 좋은 팀은 실수를 숨기려 하지 않고 오히려 실수를 드러내어 거기에서 배운다. "아무 생각 없이 그저 일하다 보니 잘하게 되었더라." 하고 말할 수 있는 사람은 존재하지 않는다.

분기별 주기와 일주일별 주기에는 짝 프로그래밍과 지속적인 통합뿐 아니라 팀 반성의 시간도 포함된다. 하지만 반성은 '공식' 기회에만 하는 것이라고 선을 그어서는 안 된다. 배우자나 친구와 대화할 때, 휴가를 즐길 때, 소프트웨어와 관련 없는 독서나 활동을 할 때, 이 모든 시간들이 여러분이 어떻게 그리고 왜 지금 일하는 방식으로 일하는지 생각해 볼 개인적인 반성의 기회를 제공한다. 함께 식사를 하거나 커피를 마시는 휴식 시간은 함께 반성을 해볼 수 있는 비공식적인 자리를 마련해 준다.

반성이 순전히 머리로만 하는 활동은 아니다. 자료를 분석함으로써 통찰력을 얻을 수도 있지만, 본능적 감각에서도 배울 수 있다. 예로부터 두려움, 분노, 걱정 같은 '부정적인' 감정들은 뭔가 안 좋은 일이 생길 것이라는 단서가 되어 왔다. 여러분의 일에 대해 감정이 해주는 충고에 귀를 기울이게 되려면 노력해야 하지만, 지성으로 조율된 감정은 통찰력의 원천이 된다.

반성이 지나친 경우도 있다. 소프트웨어 개발 분야에서는 개발에 대해 지나치게 생각만 하다가 정작 실제로 개발할 시간을 내지 못하는 사람들에 대한 오랜 전설이 있다. 반성은 행동한 다음에 온다. 배움이란 행동이 반성을 거친 것이다. 피드백을 최대화하기 위해, XP 팀에서는 실천과 반성을 뒤섞는다.

흐름

소프트웨어 개발에서 흐름이란, 개발의 모든 단계를 동시에 작업함으로써 가치 있는 소프트웨어를 흐르듯이 끊임없이 제공하는 것이다. XP의 여러 실천방법은 분리된 단계들보다 끊임없는 행동들의 흐름 쪽으로 기울어 있다.

소프트웨어 개발에서는 오랫동안 가치를 큰 덩어리로 쪼개어 제공해 왔다. '빅뱅' 통합은 이런 습관을 보여준다. 팀이 스트레스를 받을 때, 한 번에 전달하는 가치 덩어리의 크기를 키우는 방식으로, 곧 소프트웨어를 배치하는 빈도를 줄이고 통합도 덜 자주하는 방식으로 반응함으로써 문제를 더 악화시키는 팀이 많다. 피드백이 줄어들면 문제는 더욱 악화되므로, 덩어리는 다시 더 커지기 마련이다. 미루는 일들이 많아질수록, 덩어리는 더 커지고 위험도는 더 높아진다. 이러는 것과 반대로, '흐름'의 원칙은 개선을 위해 가치를 조금씩, 점진적으로, 계속해서, 자주 배치하라고 권한다.

소프트웨어 개발의 추세 곳곳에서 큰 묶음의 개념을 버리고 있다. 일일 빌드daily build도 흐름 원칙에 기반을 둔 실천방법이다. 하지만 일일 빌드는 흐름으로 가는 길로 한 발짝 내딛은 것일 뿐이다. 매일 소프트웨어가 잘 컴파일되고 링크되는 것으로는 충분하지 않다. 매일 소프트웨어가 올바르게 작동하기까지 해야 한다(하루에도 여러 번 그럴 수 있다면 더 좋다).

나는 배치deploy를 일주일마다 수행하던 어떤 팀을 만난 적이 있다. 문제가 점점 많아지자 결국 소프트웨어에서 일주일 작업한 분량을 배치하려면 6일이나 걸리게 되었다. 그래서 팀은 이 주일마다 한 번씩 배치를 하기로 결정했다. 그러자 통합과 배치 문제가 더욱 심해졌다. 흐름에서 떠나게 될 때마다 반드시 다시 돌아오겠다고 결심해야 한다. 여러분의 흐름을 방해한 문제가 해결된 다음에는 되도록 빨리 매주 배치로 돌아오라.

기회

가끔씩은 생각을 전환해서 문제를 기회로 보는 방법을 배우자. 소프트웨어 개발에 문제 따위는 없다고 주장하려는 게 아니다. 하지만 '생존'에만 집착하는 태도는 일을 무사히 넘길 정도까지만 문제를 해결하도록 만든다. 뛰어난 실력을 갖추려면, 문제를 단지 생존의 문제가 아니라 배움과 개선의 기회로 전환할 줄 알아야 한다.

어떤 문제가 있을 때, 그것을 해결하려면 무엇부터 해야 할지 막막할 수도 있다. 무엇을 할지 생각할 시간이 더 필요하다고 느끼기도 할 것이다. 더 많은 시간에 대한 이러한 욕구는 일이 시작한 후에 나올 결과에 대한 두려움에서 자신을 보호하기 위한 가면인 경우도 있다. 그러나 어떤 경우에는 시간을 충분히 두고 인내한 덕분에 문제가 스스로 풀리기도 한다.

문제를 기회로 전환할 기회는 개발 과정 곳곳에서 생긴다. 그러한 전환은 강점은 최대로 늘리고 약점은 최소로 줄일 기회다. 장기 계획을 정확하게 짜기가 어려운가? 좋다. 분기별 주기를 실천하고 주기 안에서 장기 계획을 가다듬으면 된다. 혼자 일하면 실수를 많이 저지르는가? 좋다. 짝 프로그래밍을 하자. 이러한 실천방법들이 효과가 있는 까닭은, 바로 이것들이 소프트웨어를 팀 안에서 개발하는 사람들이 끊임없이 시달리는 문제점들에 대한 대응방법이기 때문이다.

XP를 실천하기 시작하면서 분명 여러 문제를 만나게 될 것이다. 어떤 문제가 오더라도 그것을 기회, 곧 개인적 성장의 기회, 더 깊은 인간관계를 맺을 기회, 더 개선된 소프트웨어를 만들 기회로 전환하겠다고 의식적으로 결심하는 것은 익스트림extreme한 행동의 일부다.

잉여

맞다, 잉여다. 소프트웨어 개발에서 핵심적이면서도 해결하기 어려운 문제에는 해결방법을 여러 개 마련해 놓아야 한다. 그러면 해결방법 중 하나가 완전히 실패하더라도 다른 것들 덕분에 재앙은 면할 수 있다. 잉여를 만들기 위해 드는 비용보다 재앙을 면할 수 있어 얻는 이득이 더 크다.

한 예로, 소프트웨어의 결함은 신뢰를 훼손한다. 그런데 신뢰는 자원의 허비를 막기에 가장 좋은 수단이다. 결함은 핵심적이면서도 해결하기 어려운 문제다. 따라서 XP에는 결함 문제를 다루는 실천방법이 여러 개 들어 있다. 짝 프로그래밍, 지속적인 통합, 함께 앉기, 진짜 고객의 참여, 매일 배치가 그 예다. 여러분 짝이 에러를 잡아내지 못하더라도 사무실 건너편에 앉은 누군가 그것을 잡아낼지도 모르고, 아니면 다음 통합 때 잡힐지도 모른다. 이 실천방법 가운데 일부는 분명 잉여이므로 여러분은 같은 결함을 여러 번 잡을지도 모른다.

어떤 실천방법 하나만으로는 결함 문제를 해결할 수 없다. 결함 문제는 너무 복잡하며, 너무 다양한 모습으로 등장하고, 결코 완전히 뿌리 뽑을 수 없다. 여러분이 바랄 수 있는 일은 팀 안에서 신뢰를 지탱하고 고객과도 신뢰를 유지할 정도까지 결함의 수를 억제하는 것뿐이다.

잉여를 만들려면 자원이 소모되긴 한다. 그래도 정당한 목적이 있는 잉여를 제거하지 않도록 조심해야 한다. 개발이 종료된 다음에 하는 테스트 단계는 분명 잉여다. 그렇더라도 결함이 하나도 발견되지 않는 성공적인 배치가 실전에서 여러 번 연속되어 이것이 진짜로 잉여적인 것으로 판명나기 전까지는 테스트를 그만두면 안 된다.

실패

성공하는 데 어려움을 겪는다면, 실패하라. 어떤 스토리를 구현하는 세 가지 방법 중 어떤 것을 선택해야 할지 모르겠는가? 셋 다 해보라. 셋 모두 실패하더라도, 분명 귀중한 교훈을 얻을 수 있다.

실패는 자원의 허비가 아닌가? 실패가 지식을 늘려주는 한, 그것은 허비가 아니다. 지식은 귀중한 것이며, 쉽게 얻기 어려운 때도 있다. 실패를 피하지 못할 수도 있다. 만약 스토리를 구현하는 가장 좋은 방법을 미리 알았다면 당연히 그 방법을 썼을 것이다. 그러나 아직 그 방법을 모른다면, 그것을 찾아내기 위해 가장 싸게 먹히는 방법이 과연 무엇이라고 생각하는가?

나는 예전에 능력 있는 설계자를 여럿 둔 팀을 지도한 적이 있다. 그 설계자들은 정말 능력이 있어서 그 누구라도 문제가 주어지면 해결방법을 두세 개쯤 찾아낼 줄 알았다. 이들은 몇 시간씩 모여 앉아서 차례대로 자기 생각들을 논의에 부치곤 했다. 논의에 지칠 때쯤이면 그것들을 전부 두 번씩은 구현해 보고도 남았을 시간이 이미 소요된 뒤였다. 하지만 그들은 프로그래밍 시간을 낭비하고 싶지 않아서 대신 토론 시간을 낭비했다.

그래서 나는 그들에게 주방용 타이머를 사주고 설계 논의를 15분으로 제한하라고 했다. 타이머가 울리면 그들 중 두 명은 일단 무엇이든 구현하러 가는 것이다. 실제로 타이머는 몇 번 쓰지 않았지만, 그들은 논의하는 대신 실패해 보자는 결심을 상기하기 위해 계속 타이머를 보관해 두었다.

무엇을 해야 하는지 잘 알면서 실패했을 경우에 변명으로 삼으라고 이런 이야기를 하는 것은 아니다. 하지만 무엇을 해야 할지 모를 경우, 실패를 감수하는 것이 성공으로 가는 가장 짧고 확실한 길이다.

품질

품질을 희생하는 것은 프로젝트 관리의 수단으로 삼기에 그다지 효과적이지 않다. 품질은 제어할 수 있는 변수가 아니다. 낮은 품질을 감수한다고 프로젝트가 빨라지지 않는다. 높은 품질을 요구한다고 프로젝트가 느려지지도 않는다. 품질 기준을 높였는데도 제품 전달이 빨라지는 일도 자주 생기는 반면, 품질을 낮추었더니 제품 전달이 더 늦어지고 전달 시기도 더 예측하기 힘들어지는 일도 많다.

『Extreme Programming Explained』의 초판을 낸 다음 내가 발견한 가장 놀라운 사실 가운데 하나는 품질을 결함의 수, 설계의 품질, 개발의 경험으로 측정했을 때 개발팀이 그것을 얼마나 향상시킬 수 있는지였다. 품질이 향상될수록 생산성이나 효율성 같은 다른 바람직한 프로젝트의 속성들도 개선되었다. 품질이 주는 이익에는 명확한 한계가 없으며, 어떻게 품질을 더 끌어올릴까에 대한 우리 이해의 한계만이 있다.

품질은 경제적 요인만으로 설명할 수 없다. 사람은 자부심을 느낄 수 있는 일을 해야 한다. 한 번은 어떤 변변치 못한 팀의 관리자와 이야기를 나눈 적이 있다. 그는 주말에 집에서 대장장이 노릇을 하며 예쁜 철제품을 만들었다. 그는 좋은 품질에 대한 요구를 충분히 충족해낼 수 있었다. 단지 그 일이 본업이 아니었다는 것뿐이지.

품질이 프로젝트 관리의 수단이 아니라면, 프로젝트를 무엇으로 관리해야 할까? 시간과 비용 역시 대개 바꾸기 힘들다. 따라서 XP는 프로젝트를 계획하고, 기록을 남기고, 방향을 잡기 위한 주요 수단으로 범위scope를 선택한다. 범위는 미리 정확하게 알 수 없기 때문에, 좋은 관리 수단이 된다. 일주일별 주기와 분기별 주기는 기록을 남기고 범위를 선택하기 위한 명시적인 지점을 제공한다.

품질에 대한 걱정이 무위도식의 변명이 되어서는 안 된다. 해야만 하는 일이 있는데 그 일을 하는 확실한 방법을 모른다면, 일단 가장 최선이라고 생각하는 방법으로 해야 한다. 확실한 방법은 알지만 시간이 너무 많이 걸린다면, 지금 있는 시간 안에 할 수 있는 방법으로 최대한 잘 해두고, 나중에 그 확실한 방법으로 마무리 지을 결심을 세우도록 한다. 이런 상황은 아키텍처를 진화시키는 와중에 자주 일어나는데, 그런 상황에서 한 아키텍처에서 다른 아키텍처로 옮겨가는 기간 중에는 동일한 문제를 해결하는 두 아키텍처를 당분간 공존시켜야 한다. 이런 경우 옮겨가는 과정 자체가 품질 관리의 시험무대가 된다. 작고 안전한 단계를 통해 과연 효과적으로 커다란 변화를 이루어낼 수 있는지 보는 것이다.

아기 발걸음

큰 발걸음으로 큰 변화를 만들고 싶은 유혹은 누구에게나 있다. 가야 할 길은 먼데 주어진 시간은 짧지 않은가. 중요한 변화를 한번에 몰아서 시도하는 것은 위험하다. 변화 요구의 대상은 다른 것이 아니라 바로 사람들이다. 변화는 안정을 뒤흔든다. 사람들이 변할 수 있는 속도에는 한계가 있다.

나는 다음과 같은 질문을 자주 던지곤 한다. "올바른 방향이라고 알아챌 수 있는 일 중 당신이 할 수 있는 최소한은 무엇입니까?" 아기 발걸음으로 걸어야 한다는 말이 정체 상태나 굼뜬 변화 속도를 정당화하지는 않는다. 조건만 제대로 갖추어진다면, 사람들과 팀들은 많은 작은 단계를 엄청나게 빠른 속도로 밟아나가서 마치 도약하는 것처럼 보일 수도 있다.

아기 발걸음은, 단계를 잘게 쪼갤 때 생기는 부하overhead가, 큰 변화를 시도했다가 실패해서 다시 원상태로 돌아갈 때 드는 낭비보다 훨씬 작다는 사실을 인정하는 것이다. '아기 발걸음'의 원칙은 테스트를 한 번에 하나씩 진행해 가는 테스트 우선test-first 프로그래밍, 한 번에 몇 시간 분량의 변화만 통합하고 테스트하는 지속적인 통합 같은 실천방법들로 표현된다.

받아들인 책임

책임감은 누구에게 할당할 수 있는 성질의 것이 아니다. 책임감은 오직 책임질 마음이 있는 사람이 받아들일 수 있을 뿐이다. 누군가 여러분에게 책임을 지우려 한다 해도, 책임감을 느낄지 그렇지 않을지는 오직 여러분 자신만이 결정할 수 있다.

'받아들인 책임accepted responsibility'의 원칙을 반영하는 실천방법의 한 예는, 어떤 일을 하겠다고 서명한 사람이 그 일의 평가도 내리는 것이다. 비슷하게, 스토리를 구현할 책임을 진 사람은 궁극적으로 스토리의 설계, 구현, 테스트까지 책임을 진다.

책임이 있는 곳에는 권위도 따라온다. 책임과 권위가 잘못 연결되면 팀의 의사소통이 왜곡된다. 어떤 프로세스 전문가가 나한테 어떤 방식으로 일할 지 지시할 권리는 있지만, 그 작업이 작업의 결과를 공유하지 않는다면, 권위와 책임이 잘못 연결된 것이다. 나나 전문가나 개선에 필요한 피드백을 보거나 사용할 지적 위치intellectual position에 있지 않다. 그리고 권위와 책임이 잘못 연결된 상태에서 살아가는 데 드는 감정적인 부담의 비용 역시 존재한다.

결론

원칙을 이용한다면 실천방법들을 더 잘 이해할 수 있으며, 여러분의 목적에 맞는 실천방법을 찾을 수 없을 때 그 필요를 채워줄 실천방법을 고안해낼 수도 있다. 실천방법을 지시하는 문장이 명확하고 객관적인 의도로 써 있을지라도(예를 들어 '코드를 바꾸기 전에 테스트를 먼저 작성하라' 처럼) 실천방법을 여러분의 상황에서 어떻게 적용해야 할지는 그런 문장만큼 분명하게 이해할 수 없을지도 모른다. 원칙은 어떤 실천방법이 무슨 목적을 달성하려고 존재하는지 여러분이 더 잘 알게 해준다. 또한, 소프트웨어 개발의 모든 면을 다 담을 수 있는, 상황과 환경에 맞추어진 실천방법들의 목록 같은 것은 존재하지 않는다. 어떤 특정한 필요를 충족하려면 새로운 실천방법을 만들어야 하는 경우가 생기기 마련이다. 여러분이 원칙을 이해하고 있다면, 전반적인 목표들과도 조화를 이루면서 이미 존재하는 실천방법들과도 조화롭게 작동하는 실천방법들을 만들 수 있다.

6장

Extreme Programming Explained

실천방법

이제부터는 XP의 실천방법들이다. XP 팀들이 매일 실천하는 그런 종류의 것들 말이다. 그러나 실천방법 자체만으로는 공허하다. 가치를 통해 목적을 불어넣지 않은 실천방법은 기계적으로 따르는 규칙일 뿐이다. 예를 들어 짝 프로그래밍을 마치 해야 할 일 목록에서 '짝 프로그래밍: 했으면 체크 표시하시오.' 하는 식으로 실천한다면 아무 의미가 없다. 단지 상사를 만족스럽게 하기 위해 짝 프로그래밍을 한다면 좌절감만 느낄 것이다. 의사소통을 하기 위해, 피드백을 얻기 위해, 시스템을 단순하게 만들기 위해, 에러를 잡기 위해, 용기를 북돋기 위해 짝 프로그래밍을 한다면, 그때에는 짝 프로그래밍이 많은 의미를 지닌다.

실천방법은 상황에 따라 달라져야 한다. 상황이 바뀌면 그에 맞추어 다른 실천방법을 골라야 한다. 그러나 가치는 새로운 상황에 적응하기 위해 변할 필요가 없다. 원칙의 경우에는, 문제 영역domain이 달라졌다면 새로운 원칙을 몇 개 추가해야 할지도 모른다.

여기에 나오는 실천방법들은 절대적인 것으로 명기되어 있다. 내 의도는 여러분이 완벽을 지향하도록 동기를 부여하고, 뚜렷한 목표를 제공하고, 그것을 이룰 실천적인 방법들도 주려는 것이다. 실천방법들은 현재 여러분이 있는 곳에서 XP와 함께 할 경우 도달할 수 있는 상황까지 여러분을 이어주는 벡터다. XP에서 여러분은 효율적 개발이라는 이상적 상태에 도달하기 위해 계속 전진한다. 예를 들어, 현재 1년에 겨우 한 번 배치하고 있다면 '매일 배치' 실천방법은 현재로서는 의미가 없다. 이 지점에서는 좀더 빈번히 성공적인 배치를 해서 개선할 수 있고, 또 다음 단계를 위해 자신감을 기를 수도 있을 것이다.

어떤 실천방법을 적용하기로 결정하는 것은 여러분의 선택이다. 나는 여기 있는 실천방법들이 더 효율적으로 프로그래밍할 수 있게 해준다고 생각한다. 이것들은 실제로 효과가 있는 실천방법의 집합으로, 여러 실천방법을 함께 사용한다면 더욱 효과가 좋다. 모두 전부터 사용되어 오던 실천방법이다. 과학자가 가설을 이용하듯 여기 나온 실천방법들을 이용해서 XP를 실험해 보라. 예를 들어, 좀 더 자주 배치해 본 다음 정말 그러는 것이 도움이 되었는지 확인해 보라.

그렇다고 XP의 실천방법들이 무슨 소프트웨어 개발 진화 피라미드의 꼭대기에 놓인 궁극의 것은 아니다. XP의 실천방법들은 개선으로 향하는 길에 놓인 평범한 정류장들이다. XP의 실천방법들은 함께 사용했을 때 효과가 좋다. 한 번에 하나만 쓸 경우 개선된 점을 느낄 수 있지만, 여러 실천방법이 조합될 경우 극적인 개선을 느끼게 된다. 실천방법들이 상호작용하면 그 효과는 증폭된다.

나는 실천방법들을 7장 「기본 실천방법」과 9장 「보조 실천방법」에 나누어 넣었다. 기본 실천방법은 여러분이 다른 어떤 것을 하든 상관없이 유용한 실천방법들이며, 실천방법을 하나하나 쓸 때마다 즉각 개선되는 점을 느낄 수 있다. 그리고 기본 실천방법은 어떤 것이든 안전하게 시작할 수 있다. 보조 실천방법은 기본 실천방법에 먼저 숙달되지 않으면 어렵게 느낄 가능성이 크다. 실천방법을 함께 사용할 때 효과가 증폭되기 때문에 새로운 실천방법을 최대한 빨리 추가하면 득이 된다.

그림 3은 실천방법들을 요약해 놓은 것이다.

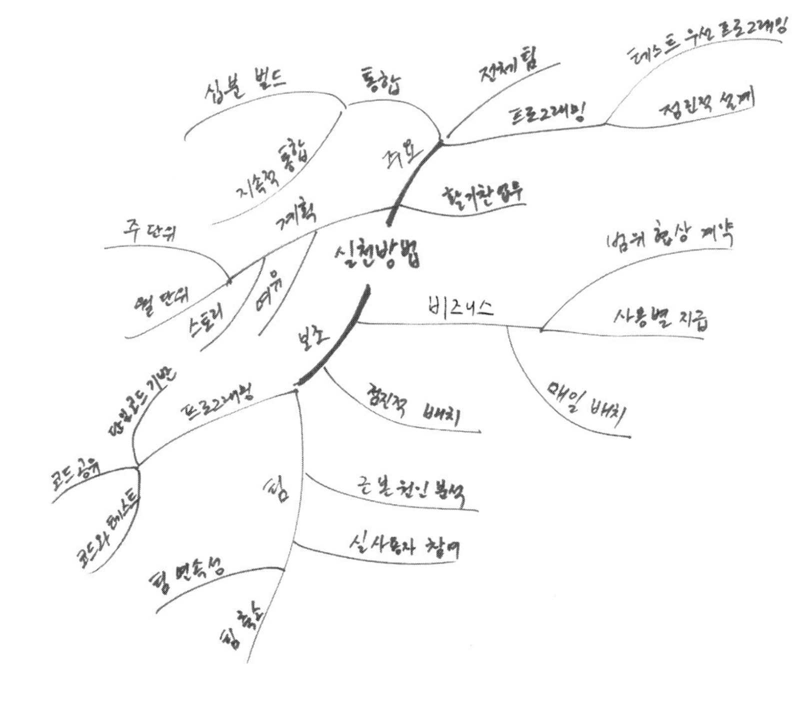

그림 3. 실천방법들의 요약

7장

Extreme Programming Explained

기본 실천방법

이 장에는 여러분이 소프트웨어 개발을 개선하려고 XP를 적용하기 시작할 때 안전하게 사용할 수 있는 실천방법들이 들어 있다. 여기 나온 실천방법 가운데 어떤 것을 먼저 쓸지는 전적으로 여러분의 환경, 그리고 여러분이 어디를 가장 개선하고 싶어 하는지에 달려 있다. 어떤 사람은 무엇부터 해야 할지 모르기 때문에 계획이 필요하다. 또 어떤 사람은 다른 어떤 일이 일어나고 있는지 알아채기엔 너무나 많은 결함을 발생시키고 있기 때문에 품질과 관련된 실천방법이 필요하다.

함께 앉기

개발 작업은 팀 전체whole team가 들어가기 충분할 정도로 크고 열린 공간에서 하라. 사생활 욕구와 '나만의' 공간 욕구는 가까운 곳에 작은 사적 공간들을 만들어 놓거나 업무 시간에 선을 그어 놓아 다른 곳에서 사생활 욕구를 충족시킬 수 있도록 해서 해결한다.

시카고 외곽에 위치한 어떤 회사가 휘청거리는 프로젝트를 컨설팅해 달라고 내게 부탁한 적이 있다. 프로젝트가 휘청거리는 까닭은 수수께끼였는

데, 프로젝트 팀을 구성한 사람들이 그 회사에서 기술이 가장 뛰어났는 데도 그런 일이 벌어졌기 때문이다. 나는 파티션으로 나뉜 개인공간을 여러 군데 돌아다니며 그들의 컴퓨터 프로그램에 어떤 문제가 있는지 파악하려고 노력했다.

며칠이 지난 후, 나는 갑자기 어떤 사실을 깨달았다. 그것은 내가 굉장히 많이 걸어 다녔다는 사실이었다. 고참들의 자리는 당연히 사무실의 모서리 자리였는데, 각자 꽤 큰 건물 한 층의 모서리에 흩어져 있었다. 하루에 팀이 상호작용하는 시간은 겨우 몇 분 정도였다. 나는 함께 앉을 자리를 하나 마련하라고 제안했다. 한 달 후 돌아와 보니, 프로젝트는 잘 굴러가고 있었다. 팀이 모두 함께 있을 만한 자리는 기계실밖에 없었다. 그들은 하루에 네 다섯 시간을 춥고 환풍기가 도는 시끄러운 방에서 보내야 했지만, 프로젝트가 성공적으로 돌아가서 모두들 즐거워했다.

나는 이 경험에서 두 가지 교훈을 얻었다. 하나는 고객이 무엇을 문제라고 말하든, 언제나 문제는 사람이라는 것이다. 기술적인 해결책만으로는 충분하지 않다. 다른 하나는 함께 앉는 것, 우리의 모든 감각을 이용해 의사소통하는 것이 얼마나 중요한지다.

필요하다면 함께 앉기를 조금씩 천천히 진전시켜도 된다. 제일 먼저 대화를 장려하기 위해 여러분의 개인 공간에 편한 의자를 하나 가져다 놓는다. 그런 다음에는 하루의 절반을 회의실에서 프로그래밍해 본다. 그 다음으로 더 넓은 열린 공간을 시험해 보기 위해 일주일 동안 회의실을 빌려본다. 이 모든 것은 여러분의 팀을 효율적으로 만들어 줄 작업공간을 찾아내기 위한 단계다.

팀이 준비되기도 전에 개인 공간을 나누는 파티션을 허물면 생산성이 오히려 낮아진다. 팀 구성원의 안정감이 자신만의 작은 공간을 소유하는 것과 연결되어 있다면, 그것을 함께 성취하며 얻는 안정감으로 대체하기도 전에 제거해 버린다면 분노와 저항만 낳게 된다. 약간만 격려해 줘도 팀 스스로 자기네 공간의 형태를 만들어낼 수 있다. 물리적 가까움이 의사소통을 향상시킨다는 사실을 알고 의사소통의 가치도 배운 팀은 기회만 생긴다면 자신의 공간을 기꺼이 개방할 것이다.

'함께 앉기' 같은 실천방법이 있다는 말은 여러 장소에 분산된 팀은 'XP를 하는' 일이 불가능하다는 뜻인가? 21장 「순수성」에서 이 의문을 더욱 심도 있게 논의하지만, 간단한 대답은 "아니오" 다. 분산된 팀도 XP를 할 수 있다. 실천방법은 이론이고 예측이다. '함께 앉기' 는 얼굴을 맞대는 시간이 길면 프로젝트가 더 인간적이 되고 생산적이 되리라고 예측한다. 여러 장소에 분산된 프로젝트라고 해도 현재 프로젝트가 잘 진행된다면, 지금 그대로 하면 된다. 하지만 프로젝트에 문제가 있다면, 함께 앉는 시간을 늘릴 수 있는 방법을 생각해 보는 것이 좋다. 그것이 팀 구성원들의 출장을 의미한다고 해도 말이다.

전체 팀

프로젝트가 성공하기 위해 필요한 기술과 시야를 지닌 사람들을 전부 팀에 포함시켜라. 이 생각은 사실 복합기능팀cross-functional team이라는 옛 개념을 그대로 빌려온 것이다. 전체 팀Whole Team이라는 이름을 붙인 이유는, 팀이 일체라는 느낌도 주고, 성공하는 데 필요한 모든 자원을 쉽게 이용할 수 있도록 만들겠다는 이 실천방법의 목표도 반영하기 위해서다. 프로젝트의 건강을 위해 강도 높은 상호작용이 필요한 경우라면, 이런 상호작용은 기본적으로 팀과 동일시되어야 하며, 단지 기능으로 여겨져선 안 된다.

사람들은 '팀' 에 속한다는 느낌이 필요하다.

- 우리는 소속되어 있다.
- 우리는 이 안에 함께 있다.
- 우리는 서로의 작업, 성장, 배움을 돕는다.

'전체 팀'을 구성하는 요소는 동적으로 변한다. 어떤 기술이나 태도의 집합이 중요해진다면, 그 기술을 지닌 사람을 팀으로 데려온다. 어떤 사람이 더는 필요 없다면, 그 사람은 다른 곳에 가도 된다. 예를 들어, 프로젝트에서 데이터베이스를 자주 변경한다면, 팀에 데이터베이스 관리자가 필요할 것이다. 데이터베이스 변경의 필요가 줄어든다면 그 사람은 팀에 더 있을 필요가 없다. 적어도 그 기능 때문에 팀에 남아 있을 필요는 없다.

이상적인 팀 규모가 어느 정도인가는 흔히 제기되는 이슈다. 말콤 글래드웰은 『The Tipping Point』[2]에서 팀 규모의 지속성이 끊어지는 두 지점을 제시한다. 12와 150이 그 지점이다. 군대, 종교 집단, 사업체 등 많은 조직에서 팀의 크기가 이 한계 수치를 넘어서면 팀을 나눈다. 열두 명은 하루에 모두와 편안하게 의사소통할 수 있는 사람들의 수다. 팀에 속한 사람 수가 150명이 넘으면, 한 사람이 더 이상 모든 팀원의 얼굴을 기억할 수 없다. 이 두 한계 지점을 넘어서면 신뢰를 유지하기 힘든데, 신뢰는 협력을 하려면 반드시 필요하다. 프로젝트의 규모가 클 경우, 문제를 쪼개서 여러 팀으로 구성된 팀이 해결할 수 있도록 하는 방법을 찾는다면 XP를 대규모로도 적용할 수 있다.

2) 역자 주: 번역서로 『티핑 포인트』(21세기북스, 2004)가 있다.

어떤 조직에서는 팀에 한 사람의 일부분만 소속시키기도 한다. "당신 시간의 40%는 이 고객들과 작업하고, 나머지 60%는 저 고객들을 위해 일하시오." 이럴 경우 나뉜 사람이 작업을 전환하는 데 너무나 많은 시간이 소모되기 때문에, 프로그래머들을 제대로 된 팀으로 묶기만 해도 즉각 개선 효과를 볼 수 있다. 이 팀은 저 고객의 요구에만 응답한다. 이렇게 되면 프로그래머는 분산된 생각에서 해방된다. 고객은 전체 팀의 전문성을 필요한 만큼 누릴 수 있다는 이익을 얻는다. 사람은 인정을 받고 소속감을 느껴야 한다. 월요일과 목요일에는 이 프로그램에 자신의 정체성을 두고 화요일, 수요일, 금요일에는 저 프로그램에 정체성을 둔다면, 같이 정체성을 둘 다른 프로그래머들 없이는 '팀'에 속해 있다는 느낌이 파괴되며, 이것은 생산성을 떨어뜨린다.

정보를 제공하는 작업 공간

작업 공간을 작업에 대한 것들로 채워라. 프로젝트에 관심이 있는 관찰자라면 누구든지 팀이 사용하는 공간에 들어와서 15초 안에 프로젝트가 어떻게 진행되는지 대략 감을 잡을 수 있어야 한다. 그리고 더 자세히 관찰할 경우, 지금 있는 문제와 앞으로 생길지도 모르는 문제에 대해서 더 많은 정보를 얻을 수도 있어야 한다.

많은 팀이 벽에 스토리 카드를 붙이는 방법으로 이 실천방법을 일부 실행한다. 카드를 붙일 때 일정한 기준에 맞춰 공간상으로 정렬해 놓으면 정보를 빠르게 파악할 수 있다. 만약 '완료' 영역에 카드가 잘 모이지 않는다면, 팀에서 계획, 추정 혹은 실행을 개선하기 위해 해야 하는 일이 무엇일까? 나는, 구현 범위가 뒤처져서 비즈니스가 받는 충격을 최소화하려면 고객이 어떤 일에 참여해야 하는지도 궁금하다.

그림 4는 공간상으로 정렬된 스토리 카드가 붙은 이상적인 스토리 벽의 모습이다. 작업 공간(그림 5)은 다른 인간적 욕구도 충족해 주어야 한다. 물과 간식거리는 사람을 편안하게 해주고 긍정적인 사회적 상호작용을 촉진한다. 깨끗하고 잘 정리된 공간은 지금 푸는 문제에만 집중하도록 마음을 해방시켜준다. 공공장소에서 프로그래밍을 한다고 해도 사람들에게는 사생활이 필요한데, 이것은 독립된 개인공간을 만들거나 작업 시간의 한도를 정

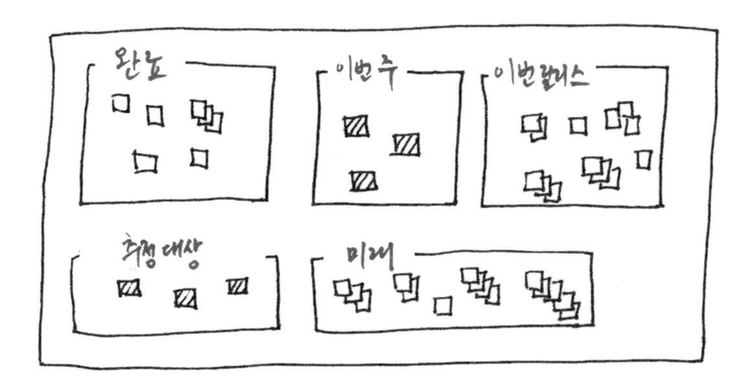

그림 4. 벽에 붙은 스토리들

그림 5. 팀 작업 공간의 한 예

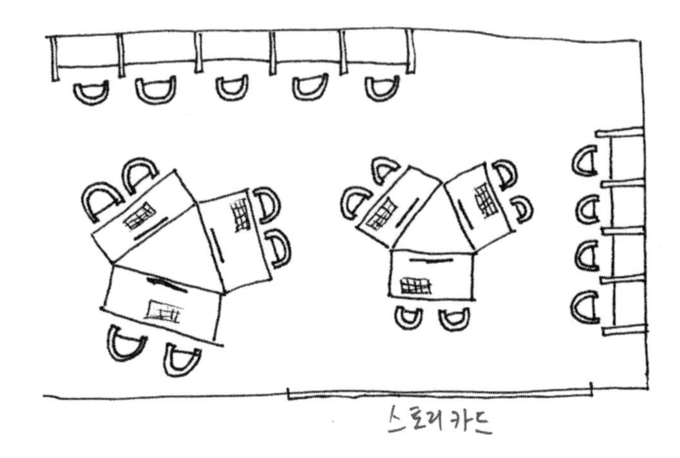

하면 제공할 수 있다.

'정보를 제공하는 작업 공간'을 구현하는 또 다른 방법은 크고 잘 보이는 차트다. 착실하게 진전시켜야 할 일이 있다면, 그것에 대한 차트를 그리기 시작하라. 그 일이 해결되거나, 차트가 더는 갱신되지 않는다면 벽에서 떼어내도록 한다. 공간은 지금 일어나는 중인, 그리고 중요한 정보를 위해서만 사용해야 한다.

활기찬 작업

여러분이 생산적으로 일할 수 있는 정도의 시간만, 그리고 일의 활력을 유지할 수 있는 정도의 시간만 일해라. 오늘 비생산적으로 하루 종일 자신을 혹사시키고 다음 이틀 동안 작업을 망치는 것은 여러분 자신이나 팀을 위해 좋지 않다.

긴 시간 일하는 것에 대한 열광은 도대체 어디서 생겨난 것인지? 마치 과학이 어떻게든 프로젝트의 성패를 좌우할 수 있다고 믿는지, 사람들은 종종 내게 XP 실천방법들에 대한 '과학적' 증거를 보여 달라고 요구한다. 작업 시간이란 분야는 거꾸로 내가 그들에게 과학적 증거를 보여 달라고 묻고 싶은 영역이다. 일주일에 80시간 일하는 소프트웨어 팀 구성원들이 40시간 일하는 팀보다 더 많은 가치를 생산한다는 과학적 증거가 어디 있는가? 소프트웨어 개발은 통찰력 싸움이다. 그리고 통찰력은 준비되고, 잘 쉬고, 긴장이 풀린 마음에서 생겨난다.

내 경우를 돌이켜보면, 내가 작업 시간을 늘리는 것은 제어력을 잃어버린 상황에서 제어력을 다시 장악하기 위한 노력으로써 인듯하다. 나는 전체 프로젝트가 어떻게 되어 가는지 제어할 수 없다. 나는 이 제품이 잘 팔릴지 그렇지 않을지 제어할 수 없다. 하지만 나는 언제나 늦게까지 남아 있을 수는 있다. 카페인과 당분만 충분히 있다면, 나는 프로젝트에서 가치를 오히려 떨어뜨리기 시작하는 지점을 훨씬 넘어서까지 계속 타자치고 앉아 있을 수 있다. 소프트웨어 프로젝트에서 가치를 떨어뜨리기는 쉽다. 하지만 자신이 피곤할 때에는 스스로 가치를 떨어뜨리고 있다는 것을 깨닫기 어렵다.

몸이 아프면, 자신과 다른 팀원들을 위해 푹 쉬고 낫도록 한다. 자기를 잘 돌보는 것이 활력 넘치는 작업으로 복귀하는 가장 빠른 방법이다. 그리고 다른 사람에게 병을 옮겨 생산성을 더 떨어뜨리지 않도록 팀을 보호하는 길이기도 하다. 아픈 데도 일하러 오는 것은 일에 대한 헌신을 보여주는 것이 아니다. 팀을 돕는 일이 아니기 때문이다.

근무 시간을 점진적으로 개선할 수 있다. 일하는 시간은 똑같다고 해도 같은 양의 시간을 더욱 잘 활용하라. 날마다 통째로 두 시간을 '코딩 시간'으로 선언하라. 전화기와 전자우편 알림 기능을 끄고 두 시간 동안 프로그래밍만 한다. 지금으로써는 이 정도로도 만족스러운 개선이 될 수 있으며, 이것은 나중에 일하는 시간을 더 줄이기 위한 발판이 되어줄지도 모른다.

짝 프로그래밍

제품으로 출시할 모든 프로그램을 두 사람이 컴퓨터 한 대에 앉아 작성해라. 두 사람이 편안하게 나란히 앉을 수 있도록 컴퓨터를 배치한다. 여러분이 타자 칠 때 편안할 수 있도록 키보드와 마우스를 서로 주고받을 수 있게 만든다. 짝 프로그래밍은 둘이서 동시에 프로그래밍을 (그리고 분석과 설계와 테스팅도) 하면서 프로그램을 더 낫게 만들려고 노력하는 두 사람 사이의 대화다. 짝 프로그래머들은,

- 서로 일에 집중하도록 해준다.
- 시스템을 더 좋게 다듬기 위해 무엇을 할 수 있을지 브레인스토밍한다.
- 떠오른 생각을 명료하게 다듬어 준다.
- 한 사람이 막힐 때 주도권을 다른 사람에게 넘김으로써, 짜증을 덜 나게 해준다.
- 팀에서 지키기로 한 실천방법을 서로 책임지고 지키도록 한다.

짝으로 프로그래밍한다고 해서 혼자 생각할 시간이 없어지는 것은 아니다. 인간에게는 동료 관계와 사생활이 둘 다 필요하다. 어떤 생각에 대해 혼자 고민해 봐야겠다면, 그렇게 하면 된다. 그런 다음 돌아와서 팀과 상의한다. 혼자 가서 프로토타입을 만든다고 해서 짝 프로그래밍을 무시하는 것은 아니다. 하지만 이것이 팀에서 떨어져 나와 행동하는 것의 면죄부가 되어서는 안 된다. 조사가 끝났다면, 결과로 나온 생각을 (코드가 아니다) 가지고 팀으로 돌아와야 한다. 짝과 함께 쉽게 다시 구현할 수 있을 것이다. 그 결과는 더욱 많은 사람이 이해할 수 있고, 프로젝트에 전체적으로 도움이 될 것이다.

짝 프로그래밍은 힘들지만 뿌듯하다. 대부분의 프로그래머는 하루에 대여섯 시간 이상 짝 프로그래밍하기 힘들다. 이런 힘든 일을 일주일 동안 한다면, 모두들 일에서 벗어난 느긋한 주말을 즐길 준비가 다 되어 있을 것이다. 나는 짝 프로그래밍할 때 옆에 물병을 둔다. 이 습관은 건강에 좋으며, 결국 휴식을 취해야 한다는 사실도 상기시켜 준다.[3] 잠깐의 휴식은 내가 하루 종일 쌩쌩하게 일할 수 있도록 해준다.

3) 역자 주: 저자는, 물을 자주 마시면 결국 화장실에 가게 되어서 저절로 휴식을 취하게 된다고 말하기도 했다.

짝은 자주 바꾸도록 한다. 몇몇 팀은 타이머를 이용해서 60분마다 (어려운 문제를 풀 때에는 30분마다) 한 명씩 옆으로 밀어내는 방식으로 짝을 바꾸어 봤더니 결과가 좋더라는 이야기를 한다. 내게는 썩 마음에 와 닿지 않는 방식이지만, 내가 해본 적은 없으니 뭐라고 할 수 없다. 나는 두어 시간마다 개발하다가 자연스럽게 흐름이 끊어지는 지점에서 새로운 사람과 프로그래밍하는 방식을 좋아한다.

짝 프로그래밍과 개인적 공간

짝 프로그래밍할 때의 가까운 거리 때문에 생기는 문제가 하나 있는데, 이에 대해서는 추가 설명이 필요하다. 편안함을 주는 신체적 공간의 크기는 사람마다 그리고 문화마다 다르다. 매우 가까이 붙어 있을 때 의사소통을 제일 잘 하는 이탈리아 사람과 짝 프로그래밍하는 것은 몇 자는 떨어져 있어야 편한 덴마크 사람과 짝 프로그래밍하는 것과 전혀 다르다. 그 차이점을 인식하지 못한다면 굉장히 불편해질지도 모른다. 두 참여자가 모두 일을 잘 하려면 개인적 공간을 반드시 존중해 주어야 한다.

개인적인 위생 상태와 건강도 짝 프로그래밍을 할 때 중요한 문제다. 기침할 때는 입을 가리고 하라. 몸이 아플 때에는 일하러 나오면 안 된다. 향이 강한 화장수는 짝에게 영향을 줄지도 모르므로 피하라.

효율적으로 함께 일하면 기분이 좋다. 어떤 이에게는 직장에서 처음 맛보는 경험일지도 모른다. 프로그래머들이 호의와 성적 관심을 구별할 정도의 감정적 성숙을 이루지 못했다면, 자신과 성별이 다른 사람과 일하면서 팀의 이익에는 최선이 아닌 성적 감정을 느끼게 될지도 모른다. 만약 짝 프로그래밍을 하다가 그런 감정이 일어난다면, 자기감정에 책임을 지고 그 감정에 대처하기 전까지는 그 사람과 짝 프로그래밍을 멈추어라. 혹여 두 사람이 서로 같은 감정을 느낀다 하더라도, 그 감정을 따르는 것은 팀에 해가 된다. 친밀한 관계를 맺기 원한다면, 성적인 함의 때문에 팀의 의사소통을 혼란에 빠뜨리지 않도록 둘 중의 한 명은 팀을 떠나서 개인적 관계는 개인적 환경

그림 6. 개인적 공간과 짝 프로그래밍

에서 맺을 수 있도록 해야 한다. 일하면서 생기는 감정은 전부 일과 관련되는 경우가 가장 이상적일 것이다.

짝 프로그래밍할 때 개인차를 존중하는 것은 중요하다. 그림 6의 남자는 여자가 편안하게 느끼는 정도보다 더 가까이 여자 옆에 붙어 있다. 자신이 느끼는 불편함의 근원이 무엇인지 둘 다 깨닫지 못한다 할지라도, 이 상황에서는 둘 다 최선의 기술적 결정을 내리지 못한다.

팀에 있는 어떤 사람과 짝 프로그래밍하는 것을 불편하게 느낀다면, 믿을 만한 누군가에게, 즉 존경받는 팀원이나 관리자나 인사부의 누군가에게 그것을 이야기하라. 여러분이 불편함을 느낀다면, 팀은 자기 능력을 최대로 발휘하지 못하는 것이다. 그리고 다른 사람들 역시 불편함을 느낄지도 모른다.

스토리

고객이 볼 수 있는 기능을 단위로 해서 계획을 짜라. 예를 들어 '동일한 응답시간에 다섯 배의 통신량을 감당한다.' 나 '사용자가 자주 사용하는 번

호는 두 번 클릭만으로 사용할 수 있게 한다.' 처럼. 어떤 스토리를 작성한 다음에는 그것을 구현하기 위해 필요한 개발 노력을 추정해 본다.

소프트웨어 개발은 '요구사항requirement' 이라는 말 때문에 잘못된 길로 빠져 버렸는데, 영어사전에서 이 말의 정의는 '필수적이거나 강제적인 무엇'이다. 이 말에는 절대적이고 영속적인 어감이 들어 있는데, 이것은 변화를 포용하지 못하게 가로막는다. 그리고 '요구사항' 이라는 말 자체가 틀린 말이다. 천 페이지 '요구사항' 가운데 꼭 필요한 20%나 10%, 아니면 5%만 구현한 시스템을 배치한다 해보자. 아마 그런 시스템만으로도 전체 시스템이 제공하리라 구상했던 사업상 이익을 전부 얻을 가능성이 높다. 그렇다면 나머지 80%는 무엇이란 말인가. 정말로 필수적이지도 강제적이지도 않으니 '요구사항' 은 아니다.

스토리 실천방법과 다른 요구사항 실천방법들 사이의 핵심 차이점은 일찍 추정하기다. 추정에서 사업과 기술적 시야가 상호 작용할 기회가 생기는데, 이 기회를 통해 조기에 가치를 만들어 낼 수 있다. 이런 이른 시기에 아이디어가 최대의 잠재력을 갖는다. 팀이 여러 기능에 들어가는 비용을 알 경우, 팀은 기능들을 쪼개거나, 합치거나, 그 기능들의 가치에 대해 아는 것을 바탕으로 범위를 확장하거나 할 수 있다.

스토리에는 짧은 글이나 그림 설명 외에도 추가로 짧은 이름을 달도록 한다. 스토리를 인덱스카드에 적어 사람들이 자주 지나다니는 벽에 붙여놓는다. 그림 7은 내가 내 스캐너 프로그램에서 구현했으면 좋겠다고 생각한 스토리를 적어놓은 스토리 카드의 예다. 지금까지 내가 보기에 스토리 작성을 컴퓨터화하려는 모든 시도는 진짜 카드를 진짜 벽에 붙여놓는 방식이 제공하는 가치를 눈곱만큼도 따라가지 못했다. 만약 조직의 다른 부분에게 그들이 익숙한 형식으로 진행상황을 보고해야 한다면, 주기적으로 스토리 카드들의 내용을 그 형식으로 옮기도록 한다.

XP식 계획의 특징 하나는 계획의 매우 초기 단계에서 스토리 추정이 이루어진다는 것이다. 이것은 모든 사람이 어떻게 가장 적은 투자로 가장 많

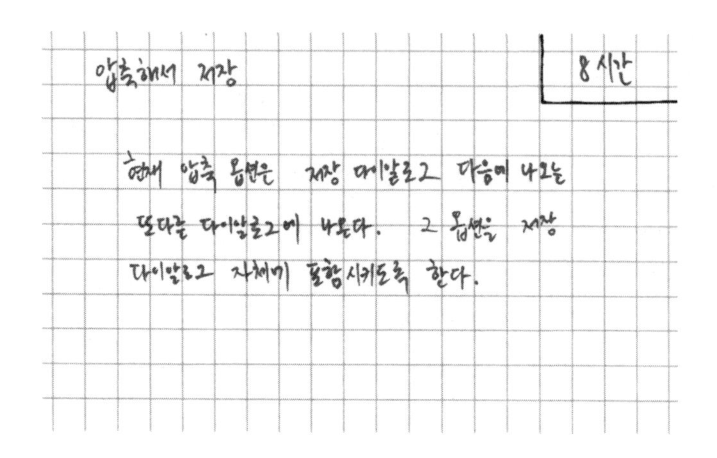

그림 7. 스토리 카드의 예

은 이익을 볼 수 있을지 생각하도록 만든다. 만약 어떤 사람이 나한테 페라리를 가지겠느냐 미니 밴을 가지겠느냐 묻는다면, 나는 페라리를 선택할 것이다. 그것을 모는 것이 분명히 훨씬 재미있을 테니까. 하지만 그 사람이 "1억 5천만 원을 주고 페라리를 갖겠습니까, 아니면 2천5백만 원을 주고 미니 밴을 갖겠습니까?" 하고 묻는다면, 그때부터 나는 좀더 제대로 된 정보에 입각한 결정을 내릴 수 있다. "애 다섯 명을 태울 수 있어야 해." 라든가 "시속 240킬로미터는 나와야 해." 같은 새로운 제약 조건들이 추가되면 상황은 더욱 분명해진다. 어떤 결정을 내리든 그 결정이 올바른 상황은 존재한다. 이미지만 가지고 좋은 결정을 내릴 수는 없다. 자동차를 지혜롭게 선택하려면, 자신의 제약 조건인 비용과 사용 목적을 둘 다 알아야 한다. 다른 모든 조건이 동일한 경우에야, 여러분의 끌리는 느낌이 결정의 요소가 된다.

일주일별 주기

한 번에 일주일 분량의 일을 계획하라. 한 주를 시작하는 회의를 열며, 이 회의에서는 다음과 같은 일을 한다.

1. 지금까지 진행된 상황을 검토하는데, 지난주의 실제 진행 정도가 예상 진행 정도를 달성했는지 역시 포함해 검토한다.
2. 이번 주에 구현할 일주일 분의 스토리를 고객이 고르도록 한다.
3. 스토리를 여러 과업task으로 쪼갠다. 팀 구성원들은 자기가 할 과업에 서명을 하고, 얼마나 걸릴지 추정한다.

스토리들이 완성되었을 경우 통과할 자동화 테스트들을 작성하는 것으로 한 주를 시작하라. 그것이 끝난 다음에 남은 시간을 스토리들을 완성하고 테스트를 통과할 수 있도록 만드는 데 쓴다. 자기 일에 자부심을 느끼는 팀이라면, 테스트를 겨우 통과하는 정도에서 구현을 끝내버리지 않고 스토리를 완전하게 구현하려 할 것이다. 우리 목표는 일주일이 끝나갈 때 배치가능한 소프트웨어를 가지게 되어서 모두 진전이 있었다고 기뻐하는 것이다.

일주일은 널리 이용되는 시간 단위다. (초판에서 내가 추천했던) 이 주일 또는 삼 주일과 달리 일주일이라는 길이의 좋은 점은 모든 사람이 금요일에 집중한다는 점이다. 팀의 일 - 프로그래머와 테스터와 고객이 모두 함께하는 - 은 테스트를 작성한 다음 5일 안에 그것이 통과하도록 만드는 것이다. 만약 수요일이 되었는데 이번 주 안에는 모든 테스트를 통과하게 만들지 못하리라는 점이 분명해졌더라도, 가장 가치 있는 스토리들을 선택해 그것들만은 완성시킬 시간 여유가 아직 있다.

어떤 사람은 일주일을 화요일이나 수요일부터 시작하기를 좋아한다. 처음 그 사실을 알았을 때 나는 놀랐지만, 상당히 여러 사람이 그렇게 하니 여기서 언급할 만하다. 어떤 관리자가 내게 한 말에 따르면, “월요일은 그리 즐거운 요일이 아니고 계획 짜기도 별로 즐거운 일이 아니지요. 그런데 왜 월요일에 계획을 짠답니까.” 내 생각에는 계획을 짜는 일이 즐겁지 않아야 할 까닭이 없지만, 사람들에게 주말에 일해야 한다는 압력을 주지 않을 수 있다면 주기의 시작을 다른 요일로 옮겨도 별 문제 없다. 주말 작업 관행은 오래 유지할 수 없다. 추정이 너무 낙관적인 것이 시간 부족의 진짜 원인이라면, 추정 작업을 개선하도록 해야 한다.

계획 짜기는 일종의 필요한 낭비다. 계획 짜기 자체만으로는 많은 가치를 창출해내지 못한다. 따라서 계획 짜는 데 들어가는 시간을 조금씩 줄이도록 노력해 본다. 어떤 팀들은 처음에는 일주일에서 하루를 온종일 계획 짜는 데 바치는 것으로 시작하지만, 나중에는 주간 계획을 짜는 데 한 시간만 써도 될 정도까지 점진적으로 계획 짜는 기술을 발전시킨다.

나는 스토리를 쪼개서 개인이 책임지고, 또 직접 추정하는 과업들로 만들기를 좋아한다. 나는 과업을 개인이 소유하도록 만드는 것이 인간의 소유욕을 충족시키는 데 큰 도움이 된다고 생각한다. 물론 잘 돌아가는 다른 방식도 보긴 했다. 여러 과업으로 쪼갤 필요가 없도록 스토리들을 작게 작성해도 된다. 그러나 이 방식의 대가는 고객이 더 많은 일을 해야 한다는 것이다. 그리고 과업 스택을 사용한다면 서명을 하지 않아도 된다. 어떤 프로그래머가 새 과업을 할 준비가 되었다면, 스택의 맨 위 과업을 하나 가져간다. 이렇게 하면 어떤 프로그래머가 특히 관심을 보이는 과업이나 특히 잘하는 과업을 고를 수 있는 기회를 없애게 되지만, 각 프로그래머가 다양한 종류의 과업을 하도록 만들 수 있다. (그리고 짝 프로그래밍은 누가 어떤 과업을 차지하는지와 상관없이, 프로그래머들에게 자신이 특히 잘하는 기술을 사용할 기회를 준다.)

일주일 단위로 맥박치는 프로젝트 진행은, 팀과 개인 차원의 실험을 편리하고, 빈번히, 예측가능하게 할 수 있는 환경을 제공하기도 한다. "좋아, 다음 주에는 작업 시간 중 한 시간마다 짝을 바꾸어 봅시다." 또는 "아침마다 프로그래밍을 시작하기 전에 5분 동안 공 던지기 묘기를 하겠어."

분기별 주기

한 번에 한 분기 분량의 일을 계획하라. 분기마다 한 번씩은 팀, 프로젝트, 프로젝트의 진행 정도, 더 높은 목표와 지금 프로젝트의 방향 일치 여부

등을 놓고 숙고해 보도록 한다. 한 분기 계획에서는 다음과 같은 일을 한다.

- 병목, 특히 팀의 힘이 미치지 않는 외부에서 생기는 병목을 찾아본다.
- 수선repair 작업을 시작한다.
- 이번 분기의 주제(들)를theme 계획한다.
- 그 주제들을 다룰 한 분기 분량의 스토리들을 고른다.
- 프로젝트가 조직에서 차지하는 위치라는 큰 그림에 초점을 맞춘다.

계절은 프로젝트의 시간을 조직하는 데 사용할 수 있는, 자연적이고 널리 공유되는 또 다른 시간 단위다. 분기를 계획의 시간 범위로 사용하면 분기별로 일어나는 다른 사업 활동과도 잘 맞아떨어진다. 분기는 또 외부 공급자나 고객과 상호작용할 때 편리한 시간 간격이기도 하다.

'주제'와 '스토리'를 분리하는 이유는, 이번 주의 스토리가 더 큰 그림에서 어떤 위치를 차지하는지 고려하지 않고 지금 자신이 하는 일의 세부사항에만 초점을 맞추고 흥분하는 개발팀의 경향에 맞서기 위해서다. 주제는 마케팅 로드맵을 그리는 것 같은 더 큰 규모의 계획과도 잘 맞아떨어진다.

분기는 팀의 반성을 위한 좋은 시간 간격으로, 이를 통해 모르는 사이에 팀을 갉아먹는 병목을 찾아낼 수 있다. 그리고 장기 실험들을 제안하고 평가하는 데도 분기를 사용할 수 있다.

여유

어떤 계획이든, 일정에 뒤처질 경우 포기할 수 있는 비교적 덜 중요한[4] 과업들을 포함시켜라. 나중에 더 많은 스토리들을 추가해서 약속한 것보다 더 많은 것을 제공하는 일은 언제든지 가능하다. 불신과 깨진 약속으로 가득 찬 환경에서는 자기 공약을 지키는 것이 중요하다. 잘 지킨 공약 몇 번은 관계를 재구축하는 데 큰 도움이 된다.

4) 역자 주: 켄트 벡은 이 책이 출간된 다음 이 부분을 '급하지 않은not urgent'으로 바꾸고 싶다고 했다.

아이슬란드에는 괴물같은 트럭을 타고 덜컹거리며 시골 벽지를 돌아다니는 겨울 스포츠가 있다. 이 트럭들은 전부 사륜구동이다. 하지만 이 트럭들이 땅을 휩쓸며 돌아다닐 때에는 이륜구동만 사용한다. 이륜구동으로 빠져 나가지 못하는 상황이 오면 그때서야 사륜구동을 사용한다. 만약 사륜구동으로도 빠져 나가지 못하는 상황이라면, 그럼 뭐 할 수 없다.

나는 다음과 같은 두 대화를 나눈 적이 있다. 한 번은 자기 밑에 보고하는 사람이 백 명 있는 중간 관리자였고, 다른 한 번은 그 중간 관리자의 상사인, 자기 밑에 사람이 삼백 명 있는 임원과 나눈 대화다. 중간 관리자에게 나는 그 사람 밑의 팀들에게 팀이 실제로 할 수 있으리라 자신하는 분량만 서명하라고 권장해야 한다고 말했다. 팀들은 과잉 약속과 과소 제공의 오랜 기록을 가지고 있었다. "아, 하지만 그렇게 못해요. 만약 내가 저돌적인 (다시 말하자면 비현실적인) 일정에 동의하지 않는다면 잘릴 거예요." 다음날, 나는 임원과 이야기했다. "아, 그 사람들은 절대로 시간에 맞추어 제품을 가져오지는 않죠. 그렇지만 상관없어요. 우리가 필요한 만큼 충분한 기능은 제공하니까요."

나는 그들의 습관적인 과잉 약속 때문에 생기는 놀라운 낭비, 즉 관리 불가능할 정도의 결함 부담, 엉망진창인 사기, 적대적인 인간관계 등을 직접 관찰했다. 약속을 지키는 것은 비록 대단한 약속이 아니었더라도 낭비를 제거해 준다. 분명하고 솔직한 의사소통은 긴장을 완화하고 신뢰를 회복시킨다.

'여유slack'의 구조는 여러 방식으로 만들 수 있다. 8주마다 한 주를 '괴짜 주간Geek Week'으로 삼을 수 있다. 한 주 예산의 20퍼센트를 프로그래머들이 고른 과업에 배당해 볼 수도 있다. 자신에게 여유를 주는 것에서 시작해야 할지도 모른다. 조직의 다른 구성원들이 아직 솔직하고 분명한 의사소통을 할 준비가 되지 않았더라도, 자신에게는 어떤 작업을 완수하는 데 걸릴 시간이 어느 정도인지 정확히 말해주고 정말로 시간을 그만큼 자신에게 허락하는 것이다.

10분 빌드

10분 만에 자동으로 전체 시스템을 빌드하고 모든 테스트를 돌려라. 빌드가 10분보다 오래 걸린다면 그것을 실행하는 횟수가 현격히 줄어들며, 따라서 피드백을 받을 기회를 놓치게 된다. 그리고 10분보다 짧은 빌드는 커피를 즐길 시간도 주지 않는다.

물리학에는 절대 변하지 않으리라 안심할 수 있는 구체적인 자연 상수들이 존재한다. 지구의 해면에서 중력은 물체를 초속 9.8미터씩 가속시킨다. 중력은 믿을 수 있다. 소프트웨어에는 이런 확실성이 별로 없다. 10분 빌드가 소프트웨어 공학 분야에서 그 정도의 확실성에 가장 근접할 수 있는 정도다. 나는 자동화된 빌드와 테스트 프로세스로 시작한 여러 팀들이 절대 이 프로세스가 10분을 넘지 않도록 하는 것을 보았다. 만약 10분을 넘는다면, 누군가 그 프로세스를 최적화하긴 하지만, 시간이 다시 10분 안쪽으로 들어올 정도까지만 하지 그것보다 더 줄이려는 노력은 하지 않는다.

10분 빌드는 하나의 이상理想이다. 이 이상적 상황까지 가기 위해 해야 할 일은 무엇일까? '10분 빌드' 실천방법을 설명하는 문장에서 우리는 세 가지 단서를 얻을 수 있다. "10분 만에 **자동으로 전체** 시스템을 빌드하고 **모든** 테스트를 돌린다." 만약 여러분의 빌드 프로세스가 자동화되지 않았다면, 그것이 처음으로 개선할 지점이다. 그런 다음 오직 여러분이 변경한 부분만 빌드하도록 만들어볼 수 있을 것이다. 마지막으로는, 변경 때문에 실패할 위험에 처한 시스템의 특정 부분만 테스트를 돌리도록 만들어볼 수 있을 것이다.

시스템의 어떤 부분을 **빌드해야** 하고 어떤 부분을 **테스트해야** 하는지 추측하기 시작한다면 실수를 저지를 위험을 만드는 셈이다. 만약 여러분의 추측이 틀린다면 예측하지 못한 에러와 그에 따른 모든 사회적, 경제적 비용을 감당해야 할지도 모른다. 그렇더라도, 시스템의 일부분이라도 테스트할 수 있는 것은 아무것도 테스트하지 않는 것보다 훨씬 낫다.

자동화된 빌드는 수작업이 필요한 빌드보다 훨씬 가치 있다. 팀에서 스트레스 수준이 전반적으로 높아지기 시작하면, 수동 빌드는 빈도도 줄어들고 제대로 잘 빌드하지도 못하게 되기 쉬운데, 그렇게 되면 더 많은 에러와 더 많은 스트레스라는 결과를 낳는다. 실천방법은 스트레스를 낮추어 주어야 한다. 자동화된 빌드는 긴박한 때에 스트레스 해소자가 되어준다. "우리가 실수한 게 있을까? 한번 빌드하고 지켜보자고."

지속적 통합

변경한 것은 두세 시간 만에 통합하고 테스트해라. 팀 프로그래밍은 분할해서 정복할 수 있는divide and conquer 성질의 문제가 아니다. 통합 단계에 시간이 얼마나 걸릴지 예측하기는 쉽지 않지만, 원래 프로그래밍 시간보다 더 많이 걸리기 쉽다. 통합을 오래 미룰수록 비용이 더 들며 통합 비용을 예측하기도 힘들어진다.

지속적인 통합을 하는 가장 흔한 방식은 비동기적 방식이다. 비동기적 방식에서는 변경한 것을 체크인하고 나면 조금 있다가 빌드 시스템이 변경이 있었음을 알아차리고 빌드와 테스트를 시작한다. 문제가 생기면 나는 전자우편이나 문자 메시지나 (가장 멋진 방식인) 붉은 빛을 발하는 라바 램프[5]를 통해 그 사실을 통보 받는다.

나는 동기적 방식을 선호하는데, 이 방식에서는 길어야 두세 시간인 짝 프로그래밍 에피소드가 하나 끝날 때마다 나와 내 짝이 함께 통합을 한다. 우리는 빌드가 완료되고 전체 테스트 스위트가 깨어지는 것 하나 없이 제대로 돌아갈 때까지 기다린 후에 계속 일을 진행해 나간다.

비동기적 통합은 '일일 빌드' 실천방법에서 (자동화된 테스트가 없을 경우 특히) 커다란 개선이지만, 동기적 방식을 쓸 경우 자동으로 생기는 반성의 시간을 주지 않는다. 컴파일러가 일을 끝내고 테스트가 돌아가는 것을 기다리는 시간은 우리가 지금 막 함께 끝낸 것을, 그리고 어떻게 했더라면 더 잘 할 수 있었을까 함께 이야기할 자연스러운 기회다. 또 동기적 빌드를

5) 역자 주: '실용주의 프로그래머를 위한 프로젝트 자동화'(마이크 클라크, 인사이트, 2005)에도 소개된 램프로, 컴퓨터를 통해 켜고 끔을 조정할 수 있는 일종의 기름이 채워진 램프다. 예컨대 통합 실패를 하면 적색 램프가 끓어오르고, 반대로 통과를 하면 녹색 램프가 끓어오르게 할 수 있다.

사용하면 짧고 분명한 피드백 주기를 만들라는 긍정적인 압력도 받을 수 있다. 새로운 작업을 시작한 지 30분 지난 후에 이전 작업에서 어떤 문제가 있었음을 통보 받는다면, 나는 이전 작업 때 무엇을 했는지 기억해 내고, 문제를 고치고, 그 다음엔 아까 진행하던 새 작업에서 어디까지 했는지 찾느라 많은 시간을 낭비하게 된다.

통합과 빌드의 결과물은 완제품이어야 한다. 목표가 CD를 굽는 것이라면, 정말로 CD를 굽는다. 웹 사이트를 배치하는 것이라면, 정말 웹 사이트를 배치한다. 비록 테스트 환경 안에서 배치하는 것일 뿐이라도 말이다. 언젠가 일어나게 될 시스템의 첫 번째 실전 배치가 별일 아닌 것으로 느껴질 정도까지, 지속적인 통합은 완제품을 내놓아야 한다.

테스트 우선 프로그래밍

코드를 한 줄이라도 변경하기 전에, 일단 실패하는 자동화된 테스트를 먼저 작성하라. '테스트 우선 프로그래밍' 실천방법은 여러 문제를 동시에 해결해 준다.

- **슬금슬금 늘어나는 범위** - 프로그래밍할 때는 삼천포로 빠져서 '혹시 모르니까' 코드들을 작성하기 쉽다. 이 프로그램이 무엇을 해야 하는지 명시적이고 객관적으로 밝혀 두면, 코딩의 초점을 잃어버리지 않는다. 다른 코드를 꼭 넣고 싶다면, 일단 이번 테스트를 통과하게 만든 다음에 또 다른 테스트를 작성하라.
- **결합도와 응집성** - 테스트를 작성하기가 쉽지 않다면, 그것은 테스트가 아니라 설계에 문제가 있다는 신호다. 결합도가 낮고 응집성이 높은 코드는 테스트하기 쉽다.
- **신뢰** - 작동하지 않는 코드를 작성한 사람을 신뢰하기는 힘들다. 작동하는 깨끗한 코드를 작성하고 자동화된 테스트로 의도를 드러내면, 팀

원들이 당신을 신뢰할 근거가 생긴다.

- **리듬** - 코딩하다가 몇 시간씩 무엇을 해야 할지 길을 잃고 헤매는 일이 잘 일어난다. 테스트 우선 프로그래밍을 하면, 다음에 무슨 일을 해야 할지가 더 분명해진다. 다음 할 일이란 다른 테스트를 작성하거나 통과되지 않는 테스트를 통과하도록 만들기 둘 중 하나이기 때문이다. 곧 이것은 자연스럽고 효율적인 리듬으로 발전한다. 테스트, 코드, 리팩터링, 테스트, 코드, 리팩터링.

아직까지 XP 공동체는 시스템의 행위를 검증하고 싶을 때 테스트 대신 사용할 만한 대안들을 별로 찾아내지 못했다. 정적 분석static analysis과 모델 검사model checking 같은 도구들도 테스트 우선 방식으로 사용할 수 있다. 먼저 어떤 '테스트', 예를 들어 "이 시스템에는 교착상태deadlock가 없어야 한다." 같은 테스트를 가지고 시작한다. 그리고 시스템을 변경할 때마다 교착상태가 없는지 다시 검증한다. 그러나 내가 본 정적 분석 도구들은 이런 방식으로 사용하라는 의도로 만들어지지 않았다. 이것들은 프로그래밍 작업 중 시시때때로 사용하기에는 너무 느리게 돌아간다. 하지만 이것은 단지 초점을 어디에 맞추었느냐의 문제이지, 근본적인 한계는 아니다.

'테스트 우선 프로그래밍'의 또 다른 개량판은 지속적인 테스팅continuous testing으로, 이것은 데이비드 새프David Saff와 마이클 언스트Michael Ernst의 「개발 프로세스에서 지속적 테스트에 대한 실험적 평가An Experimental Evaluation of Continuous Testing During Development」에서 처음 공표되었으며, 에리히 감마Erich Gamma와 나의 책 『Contributing to Eclipse』[6]에서 탐험된 적이 있다. 지속적인 테스팅에서는, 마치 점진적 컴파일러가 소스 코드에 변화가 생길 때마다 돌아가듯 프로그램에 변화가 생길 때마다 테스트들이 돌아간다. 테스트 실패는 컴파일러 에러와 동일한 형식으로 보고 된다. 지속적인 테스팅은 에러를 발견하는 데 소요되는 시간을 줄임으로써 에러를 고치는 데 걸리는 시간을 줄인다. 하지만 여기 쓰는 테스트들은 돌아가는 데 걸리는 시간이 짧아

6) 역자 주: 번역서로 『이클립스 활용 가이드 : 원리와 패턴 그리고 플러그인』(피어슨에듀케이션코리아, 2004)이 있다.

야 한다.

테스트 우선으로 코딩하면서 작성한 테스트들은 '이 두 객체가 함께 잘 작동하는가?' 와 같이 프로그램을 미시적 관점에서 보는 한계가 있다. 경험이 쌓일수록, 이런 테스트들 안에 점점 더 많은 재보증reassurance들을 채워 넣을 수 있다. 테스트들의 범위가 제한되었기 때문에, 이 테스트들은 굉장히 빨리 돌아가는 경향이 있다. '10분 빌드' 의 일부로 몇천 개나 돌릴 수 있다.

점진적 설계

시스템의 설계에 매일 투자하라. 시스템의 설계가 바로 그날 그 시스템이 필요로 하는 것에 훌륭하게 들어맞게 되도록 애써라. 어떤 설계가 가능한 한도에서 최선의 설계인지 더 잘 이해하게 되었다면, 현재 설계가 여러분이 이해한 최선의 설계와 일치하도록 점진적으로 하지만 지속적으로 작업한다.

나는 학교에서 이것과 정반대인 전략을 배웠다. "구현하기 전에 할 수 있는 한 모든 것을 설계해 놓아야 한다. 왜냐하면 구현을 시작한 후에는 설계를 바꿀 기회가 없기 때문이다." 이 전략의 학문적 근거는 1960년 베리 보엠Barry Boehm의 방위산업 연구인데, 이 연구는 시간이 지날수록 결함을 고치는 비용이 지수적으로 늘어남을 보였다. 오늘날의 소프트웨어에 기능을 추가하는 경우에도 이 자료의 결론이 여전히 유효하다면, 대규모 설계 변경에 드는 비용은 시간이 지남에 따라 극적으로 상승할 것이다. 그렇다면 중요한 결정들은 초기에 내리고, 규모가 작은 결정들은 나중까지 미루는 것이 가장 경제적인 설계 전략이다.

몇십 년 동안 소프트웨어 개발의 정설을 결정해 온 중요한 가설인데도, 시간에 따른 변경 비용의 상승 가설이 정말 맞는지에 대해서 충분한 조사가 없었다. 이 가설이 더는 옳지 않을지도 모른다. 정말로 변경을 가하는 것이 결함을 고치는 것과 마찬가지로 뒤로 갈수록 비용이 증가할까? 특정한 몇몇 경우에는 정말 변경 비용이 상승한다는 점을 받아들인다고 해도, 변경 비용이 증가하지 않게 만드는 조건들도 존재하지 않을까? 만약 변경 비용이 꾸준히 올라가지 않는다면, 이 점이 소프트웨어를 개발하는 최선의 방법에 대한 논의에는 어떤 영향을 주게 될까?

XP 팀은 소프트웨어를 변경하는 비용이 속수무책으로 상승하지 않는 조건들을 만들기 위해 열심히 노력한다. 자동화된 테스트, 지속적인 설계 개선의 실천, 명시적인 사회적 절차 등이 모두 변경 비용을 낮게 유지하는 데 기여한다.

XP 팀은 설계를 미래의 요구사항에도 적응시킬 수 있는 자신의 능력에 자신감을 가진다. 그렇기 때문에, XP 팀은 마지막 책임 지점last responsible moment까지 설계 투자를 미루려는 경제적 욕구뿐만이 아니라 즉각적이고 빈번한 성공을 맛보고 싶어 하는 인간적 욕구도 충족시킬 수 있다. 이 책의 초판을 읽고 적용한 팀 가운데 몇몇 팀은 내 말 가운데 마지막 책임 지점에 관한 부분을 이해하지 못했다. 이들은 설계에 가능한 한 최소의 노력만 기울이면서 자기들이 할 수 있는 한 가장 빠르게 스토리들을 작성해 쌓아나갔다. 하지만 매일 설계에 주의를 기울이지 않는다면 변경 비용은 분명 치솟기 마련이다. 그 결과로 설계가 나쁘고, 깨지기 쉽고, 변경하기도 힘든 시스템이 나온다.

XP 팀에 대한 조언은, 설계 투자를 단기에 최소화하라는 것이 아니라, 시스템의 지금까지의 필요에 비례하도록 설계 투자를 유지해가라는 것이다. 문제는 설계를 하느냐 마느냐가 아니라, 언제 설계를 하느냐다. '점진적인 설계'는, 최적의 설계 시점이란 경험에 비추어 결정된다고 말하는 실천방법이다.

만약 작고 안전한 보폭으로 걷는 것이 설계를 **어떻게 해야 할지**에 대한 답변이라면, 다음에 나올 질문은 시스템에서 설계를 개선할 부분을 **어떻게 찾느냐다**. 내가 유용하다고 생각하는 간단한 휴리스틱은, 중복을 제거하라는 것이다. 두 부분에 동일한 논리가 있다면, 한 부분에만 있게 만드는 방법을 알아내기 위해 설계를 다시 해본다. 중복이 없는 설계는 변경하기도 쉽기 마련이다. 중복을 제거해 놓으면, 어떤 기능을 하나 추가하려 했을 때 코드 여러 군데를 고쳐야 하는 상황에 놓이지 않게 된다.

개선에 대한 지침으로써의 점진적 설계는, 경험을 얻기도 전에 설계하면 큰일 난다는 얘기는 아니다. 설계를 사용하는 시점과 가까운 때에 설계하는 게 더욱 효율적이라는 것이다. 작동중인 시스템에 작고 안전한 보폭으로 변경을 주는 것에 대한 경험이 쌓이면, 설계 노력을 점점 더 뒤로 미룰 수 있게 된다. 그렇게 될수록 시스템은 더 단순해지고, 프로젝트의 진도는 더 일찍부터 나가기 시작하며, 테스트도 더 작성하기 쉬워지며, 시스템이 더 작아지므로 팀에서 의사소통해야 할 정보의 양도 줄어든다.

점점 더 많은 팀이 설계에 매일 투자할수록, 이들은 어떤 목적의 시스템인지와 상관없이 자신들의 변경 작업은 서로 비슷해진다는 점을 깨닫는다. 리팩터링은 변경 작업에서 되풀이해서 나타나는 패턴을 정리해 놓은 설계 규율이다. 이런 리팩터링들은 어떤 규모에서도 일어날 수 있다. 일단 만들어진 다음 변경하기 어려운 설계 결정은 드물다. 그 결과 처음에는 작게 시작하고 터무니없는 비용을 들이지 않고도 필요에 따라 성장할 수 있는 시스템이 나온다.

자 이제는...

이 장에 나온 실천방법들이 XP의 전부는 아니다. 이 실천방법들은 단순성과 용기를 불러일으키는 존중, 의사소통, 피드백의 기반을 제공한다. 팀원들은 늘어나는 자신감과 능력을 팀 안팎에서 관계들을 구축하는 데 사용할 수 있다. 이 실천방법들이 확고히 자리 잡았을 때 XP의 큰 보상이 한 차례 주어진다. 그 다음으로는 앞으로 나아가는 큰 도약이 온다. 소프트웨어 개발이 더 완벽해지도록 도와주는 비즈니스 관계들이 바로 그것이다.

8장

Extreme Programming Explained

시작하기

여러분은 이미 소프트웨어를 개발하고 있다. 벌써 시작한 것이다. XP는 여러분의 개발 프로세스와 그 개발 프로세스를 실천할 때의 체험을 모두 개선하기 위한 방법이다. XP를 하려면, 지금 서 있는 위치에서 시작해 여러분의 목표와 일치하고 여러분의 가치를 표현하는 실천방법들을 점차 추가하면서 적응해야 한다. 더 많은 실천방법이 추가될수록, 그것들 사이에서 생기는 시너지가 이전에는 상상할 수도 없던 일들을 가능하게 해준다. 그렇게 되면 여러분은 더 많은 것을 원하게 될 것이다. XP를 완전히 적용하게 될때 쯤이면, 여러분은 활력이 넘치고 자신감에 차며 활동적인 공동체의 일원이 되어, 과거 어떤 때보다 적은 스트레스만 받으면서도 겉으로 보기에는 믿을 수 없는 속도로 일하는 사람이 된다.

XP는 여러분이 개선을 위해 노력할 때 새로운 방향을 제시해 주기도 하고, 이미 방향을 잡고 개선을 위해 노력할 때 속도를 높여 주기도 한다. 만약 그렇다면, XP를 어디에서 어떻게 시작해야 할까?

먼저, 모든 사람에게 다 적합한 시작 지점 같은 것은 없다. 기본 실천방법들은 위험이 따르지 않으며, 갖고 있는 문제가 기본 실천방법들이 다루기로 되어 있는 것이라면 즉각적인 개선이 있다. 해야만 하는 모든 일에 도무지

어찌할 줄 모르겠는가? 스스로 '일주일별 주기' 실천방법을 시작해 보라. 일주일을 시작할 때 시간을 내어 이번 주에 해낼 수 있으리라 생각하는 것을 모두 적는다. 할 일이 너무 많다면, 팀의 필요에 맞추어 자신의 우선순위를 정하라.

한 번에 하나씩 바꾸는 방식으로 시작하는 것이 쉽다. 이 책을 읽고 XP를 하기로 결심한 다음 바로 뛰어들어 한꺼번에 모든 실천방법을 다 하고, 모든 가치를 포용하고, 새로운 환경에서 모든 원칙을 적용하는 것은 내 생각에는 매우 어려운 일이다. XP의 기술적 요소에 숙련되고 그 요소들의 바탕이 되는 태도를 수용하려면 시간이 걸린다. XP는 그 안에 들어 있는 것을 전부 실천할 때 가장 효과가 있지만, 여러분에게는 첫걸음을 내딛을 지점이 필요하다.

반드시 느린 속도로 변해야 하는 것은 아니다. 개선을 열망하거나 개선에 필사적인 팀은 진도를 빠르게 나갈 수 있다. 다음 실천방법으로 넘어가기 전에 어떤 변화 하나를 흡수하기 위해 꼭 오래 기다려야 하는 것은 아니다. 하지만 변화의 속도가 너무 빠르면 팀이 옛날 실천방법과 가치들로 미끄러져 돌아갈 위험이 높아진다. 이런 일이 생긴다면, 다시 추스리기 위한 시간을 잡도록 하라. 여러분이 지키고 싶은 가치들을 상기하고, 실천방법들을 다시 검토하고 왜 그것들을 선택했는지 상기한다. 새로운 습관들을 익히려면 시간이 걸린다.

제일 먼저 무엇을 바꿀지 어떻게 결정할까? 지금 여러분이 어떤 일을 하는지 그리고 무엇을 이루고 싶은지 살펴보라. 그리고 그 경로에 놓인 첫 번째 실천방법을 선택하라. 변화 계획을 XP 방식으로 짜보는 것 역시 한 가지 방법이다. 소프트웨어 개발 프로세스를 개선하기 위한 스토리들을 작성해 보라. '빌드를 자동화한다.' '하루 내내 테스트부터 먼저 한다.' '길동씨와 두 시간 동안 짝 프로그래밍한다.' 그리고 각각 얼마나 걸릴지 추정해 보라. 프로세스 개선에 쓸 예산이 얼마나 되는지 파악한다. 최초로 작업할 스토리를 고른다. 어떤 것이 쉽거나 가치 있는지, 어떤 것이 어려운지 발견하면서 적응해간다.

나도 XP를 적용하기로 계획 중인 조직을 도울 때에는 바로 이 방법을 사용한다. 어떤 팀의 스토리는 학생들을 가르치고, 파일럿 프로젝트를 시도해보고, 경영진을 교육하는 것이었다. 우리 후원자들은 즉각적인 변화를 요청했지만, 모든 사람이 그게 불가능하다는 사실을 알고 있었다. 변화의 절차에도 XP 방식의 계획을 적용함으로써 우리는 우선순위에 대해 의사소통하고 그것들을 정렬할 수 있었으며, 우리가 무엇을 하는지 확인하고 지금 일어나는 일에 영향을 미칠 기회를 우리 후원자들에게 줄 수 있었다.

변화는 깨달음과 함께 시작된다. 변화가 필요하다는 깨달음은 감정, 본능, 사실, 외부자의 피드백에서 나온다. 감정은 소중한 것이지만, 사실이나 신뢰성 있는 의견을 통해 교차 검증해야 한다.

수치화와 측정이 깨달음을 낳기도 한다. 측정값에서 읽을 수 있는 추세가 그 추세의 고통스러운 결과가 느껴지기 전에 변화해야만 한다는 사실을 알려줄 수 있다. 내가 전에 지도한 팀에서는, 개발 후 결함들을 모두 조사했더니 그 결함이 전부 혼자서 프로그래밍할 때 발생했다는 사실을 발견한 적이 있다. 자신의 경험을 바탕으로 정확히 반성하는 능력이 없었다면, 이 팀은 짝 프로그래밍을 얼마나 많이 할까에 대해 정보에 입각한 결정을 내리지 못했을 것이다.

변화가 필요함을 깨달았다면, 변화를 시작할 수 있다. 기본 실천방법들은 실제 개발 방법을 개선하기에 좋은 시작점들이다. 각 실천방법의 설명을 보면 행동의 변화가 점진적으로 기술되어 있음을 볼 수 있다. 각 실천방법에서 현재 여러분의 위치가 어디쯤인지 찾는다. 여러분의 변화 우선순위 목록에서 순위가 높은 항목과 실천방법의 목적이 일치하는 실천방법을 고른다. 실천방법의 설명에서 종착 단계의 묘사에 한 발짝 더 가까운 지점까지 전진한다. 여러분 개발의 인간성과 효율성이 개선되는지 확인한다.

예를 들어, 내가 더 긴밀한 기술 협력이 필요하다고 결정했다고 해보자. 큰 통합 작업이 점점 가까워지는데, 분명히 설계 검토와 코드 검토들을 했는데도 점점 더 긴장된다. 어떻게 하면 협력을 더욱 강화할 수 있을까?

기술 협력 문제를 다루는 실천방법은 '짝 프로그래밍'이다. 이 실천방법의 최고 강도 단계에서는, 오래 남을 코드라면 무엇이든 두 사람이 프로그래밍하면서 서로 대화해야 한다. 아마 팀 구성원들은 그 정도로 많은 시간을 '포기'하려 들지는 않을 텐데, 지금은 모두들 코드에서 자기가 맡은 영역을 개인적으로 책임지게 되어 있기 때문이다. 하지만 자신이 없는 코드 한 부분을 고른 다음, 누군가에게 그 부분과 시스템의 다른 부분과의 인터페이스를 작업하는 동안 한두 시간 정도 같이 짝 프로그래밍해 달라고 부탁한다면, 협력의 강도를 한 단계 더 높일 수 있을 것이다. 현명한 사람이라면, 그 시스템의 나머지 부분을 맡은 사람을 짝으로 고를 것이다. 물론 그 사람이 기꺼이 응해줘야겠지만 말이다.

일단 짝 프로그래밍을 한 다음에는, 더 긴밀해진 기술 협력이 우리 팀이 목표를 달성하는 데 도움이 되었는지 방해가 되었는지 평가할 수 있다. 이제는 더욱 협력을 강화할지 말지, 그리고 강화한다면 어떤 수단(짝 프로그래밍, 검토review, 또는 다른 방법)을 사용할지 정보를 바탕으로 결정을 내릴 수 있는 위치에 올라서게 된다.

내가 변한 후에도, 어떤 때에는 새로운 작업 방식의 좋은 점보다 옛날 방식의 친숙함을 더 원할 때도 있다. 내가 변했다 하더라도, 관련된 사람들이 내 변화에 너무나 강하게 저항해서 새로운 기준을 지키느니 예전으로 돌아가는 편이 좋은 경우도 생긴다. 새로운 실천방법들을 스스로 확신하지 못한다면 문제가 더 복잡해진다. 프로그램과 함께 자동화된 테스트도 작성한다면 내 프로그래밍 속도는 더 빨라질까 아니면 더 느려질까? 나는 부적절하게 옛날 방식으로 돌아가는 일은 피하고 싶다.

언제나 변화는 가까운 곳부터 시작한다. 여러분이 실제로 변화시킬 수 있는 사람은 여러분 자신뿐이다. 여러분 조직이 얼마나 잘 돌아가는지 아닌지와 상관없이 여러분은 스스로에게 XP를 적용하기 시작할 수 있다. 팀원 중 누구라도 자신의 행동은 바꾸기 시작할 수 있다. 프로그래머라면 테스트부터 작성하기 시작할 수 있다. 테스터라면 자신의 테스트를 자동화할 수 있다. 고객이라면 스토리를 작성하고 명확한 우선순위를 정할 수 있다. 경영자라면 투명성을 기대할 수 있다.

실천방법을 팀에게 강요하면 신뢰를 파괴하고 원망을 낳게 된다. 경영진은 팀의 책임감과 의무감을 북돋울 수 있다. 팀이 책임감과 의무감을 XP를 통해 만들어 내든, 더 좋은 폭포수 모델을 통해 만들어내든, 아니면 완전한 혼란 상태에서 만들어내든 그것은 팀에 달려 있는 문제다. XP를 사용하면, 팀은 결함, 추정, 생산성 부분을 극적으로 개선할 수 있다. 이런 개선을 하려면 더 긴밀한 협력과 전체 팀의 참여가 필요하다. 책임감과 팀워크에 대한 여러분의 기대치를 높이고, 그런 다음 변화에 따라오기 마련인 불안을 팀이 이겨내도록 도와줘라.

실천방법들의 지도 그리기[7)]

여기에 각각의 실천방법이 여러분과 여러분 팀에 어떤 의미를 지니는지 발견하기 위한 연습 문제가 하나 있다.

그림 8은 '활력 넘치는 작업' 실천방법의 지도다. 중앙에는 실천방법이 놓여 있다. 그 바로 아래에는 내가 생각하는 이 실천방법의 목적인, 일과 삶 사이의 균형을 유지하는 것이 그림으로 그려져 있다. 실천방법에 붙어 있는 가지들은 이 실천방법에 영향을 주는 요소들과, 이 그림의 경우 이 실천방법이 잘 되지 않는 때 나타나는 증상들이다. 어떤 실천방법을 생각할 때 마음속에 떠오르는 모든 것을 지도로 그려본다. 글로 쓰든 그림으로 나타내든 여러분 마음대로다.

이 연습 문제에는 '정답' 같은 것은 없다. 여기 나오는 예시는 내가 지금 이 순간 생각하는 답을 담은 것이다. 이 실천방법의 의미를 팀원마다 팀마다 다르게 해석할 것이다. 실천방법에 무엇들이 붙어 있는지 논의하게 된다는 점이 이 연습 문제의 귀중한 부차 효과 가운데 하나다.

7) 역자 주: 이 책에 나오는 지도는 마인드맵을 의미하는데, 마인드맵이란 지식이나 정보들 사이의 의미론적 관계 또는 기타 관계를, 중심 이미지나 글귀에서 방사형으로 뻗어 나오는 가지들의 형태로 나타내는 시각적 표현 방법이다. 마인드맵은 브레인스토밍, 학습, 기존 지식의 정리 등 다양한 영역에서 기억력을 높이고 생각을 정리하고 명확히 하기 위해 사용된다.

그림 8. '활기찬 작업'의 지도

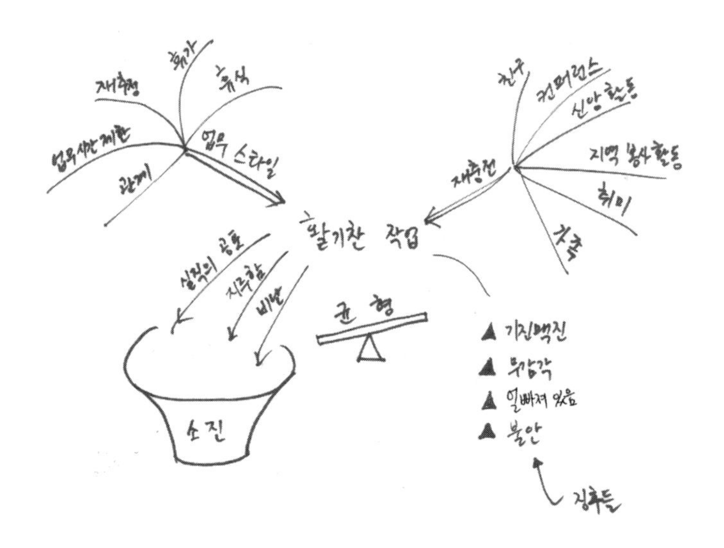

일단 변화의 잠재성이 있는 것들이 있다면, 그 중 일부는 실천하라. 어떻게 더 좋게 만들 것인가에 대한 어떤 좋은 생각이라도 실제 변화를 이끌어낼 에너지를 공급 받지 않는다면 아무 쓸모가 없다. 나는 변화를 일으킬 모든 에너지가 격렬한 불평을 통해 소진되는 '맥주 마시며 불평하기' 자리에 너무나도 많이 참석해 보았다. 뭔가 일리있는 개선안이 보이면 실천에 옮겨라. 팀 차원에서 그것을 실천할 수 있다면 더욱 좋다. 그렇지 않다면 일단은 혼자서 실천하다가, 그동안 배운 것을 당신이 신뢰하는 사람과 나누어라.

길게는 반나절 정도까지 시간을 투자해서 모든 실천방법을 둘러보고 각각에 관련해서 변화를 구성하는 요소들이 무엇인지 함께 결정해 보기를 권한다. 그런 결과로 만들어진 지도들을 큰 종이 위에 여러 장 그려서 그걸 팀이 일하는 방 주변에 붙여 놓는다. 어떤 변화 하나가 팀 안에 확립된다면, 다른 변화들을 실천할 수 있게 되었는지 보고 그것들에 대해 노력하기 시작한다.

결론

여러분의 직함이 무엇이든, 여러분의 일이 소프트웨어 개발과 어떤 관련이 있든 내가 여러분에게 전달하고 싶은 메시지가 하나 있다면, 그것은 바로 이것이다. 소프트웨어 개발은 지금 제공하는 것보다 훨씬 많은 것을 가져다줄 수 있다. 결함은 그것이 드물기 때문에 눈에 띄는 것이 되어야 한다. 일이 진전되지 않아서 범위를 크게 조정하는 일은 일정의 전반부에나 일어나는 일이어야 한다. 소프트웨어의 최초 배치는 프로젝트 예산이 조금만 사용된 시점에서 일어나야 한다. 파국을 일으킬 결과를 낳지 않고도 팀 규모를 키우거나 줄일 수 있어야 한다.

XP는 이런 일들이 일어날 수 있도록 만드는 방법이다. 개발 프로세스에서 인간의 본성을 고려해서 일할 때, 우리는 위와 같이 효율성 측면에서 큰 도약을 이루는 기회를 얻을 수 있다.

9장

Extreme Programming Explained

보조 실천방법

이 장에 나오는 실천방법들은, 내가 생각하기에 기본 실천방법을 이미 완전히 하기 전에는 실행하기 어렵거나 실행하면 위험한 실천방법들이다. 예를 들어, (짝 프로그래밍, 지속적인 통합, 테스트 우선test-first 프로그래밍을 통해) 결함 비율을 0 가까이로 끌어내리지 않은 상태에서 '매일 배치' 실천방법을 시작한다면, 재앙을 불러들이는 셈이다. 다음에 무엇을 개선해야 할지 결정할 때에는 자기의 감을 따른다. 다음 실천방법들 가운데 해봐도 괜찮겠다 생각하는 것이 있다면, 한번 시도해 본다. 잘 될 수도 있지만 개발 프로세스를 개선하려고 그 실천방법을 사용하기에 앞서 해둘 일이 더 있다는 사실을 깨닫게 된다.

진짜 고객 참여

여러분의 시스템에 따라 인생과 사업이 달라지는 사람들을 팀의 일원이 되게 한다. 통찰력이 있는 고객은 분기별 계획과 일주일별 계획에 참여할 수 있다. 그들은 일부 예산, 즉 가용 개발 능력의 일정 부분을 자신이 원하는 대로 할 수 있다. 만약 이들이 시장의 다른 사람들보다 6개월 먼저 문제점을 예측할 수 있는 사람이라면, 그들이 원하는 대로 시스템을 만드는 것이 여러분을 경쟁자보다 앞서게 만들어 줄 것이다. 여러분의 제품이 그들에게 가치가 있다면, 기꺼이 돈을 내고 참여하는 고객도 있을 것이다. 고객 참여의 핵심은 필요를 느끼는 사람들을 그 필요를 채워줄 수 있는 사람들과 직접 연결시켜 노력의 낭비를 없애는 것이다.

내가 보기에는 '전체 팀' 이란 생각에 고객 참여의 개념이 이미 들어 있지만, 진짜 고객을 참여시킬 정도로 끝까지 나아간 팀을 나는 별로 보지 못했다. 진짜 고객과 함께라면 결과도 달라진다. 고객은 여러분이 기쁘게 만들려고 노력하는 바로 그 사람들이다. 고객이 없거나 진짜 고객의 '대행' 만 있다면, 진짜 고객은 사용하지 않을 기능들을 개발하고, 진정한 승인 요소들을 반영하지 못하는 테스트를 명세로 작성하고, 프로젝트에 대해 가장 다른 종류의 시야를 가진 사람들과 진짜 관계를 맺을 기회를 잃어서 결국 낭비에 이르게 된다.

고객 참여에 대한 반대 의견은, 어떤 사람이야 자기가 원하는 바로 그 시스템을 얻겠지만, 그 시스템이 그 사람 외에 다른 누구에게도 쓸모없지 않을까 걱정한다. 하지만 성공적인 시스템을 일반화하는 것이 어느 누구의 문제도 풀지 못하는 시스템을 전문화하는 것보다 쉽다. 시스템이 일반적으로도 쓸모 있도록 유지하는 것은 마케팅을 담당하는 팀원의 일이다. 대개는 고객의 필요와 개발 능력의 거리가 가까울수록, 개발 작업의 가치는 더욱 높아진다.

'소시지 공장' 은 고객 참여에 대한 또 다른 반대 의견이다. "만약 소프트웨어 개발이 얼마나 엉망인지 고객이 알게 되면, 그들은 절대로 우리를 신뢰하지 않을 거야." 그렇다면 지금은 고객이 우리를 신뢰한다고 자신할 수 있는가? 소프트웨어는 그것을 만드는 조직을 반영한다. 고객이 여러분의 소프트웨어를 사용하고 있다면 이미 여러분이 어떻게 개발하는가 상당히 많이 아는 셈이다. 아직은 아니라면, 조만간 그렇게 될 것이다. 신뢰를 줄 수 있는 행동을 하고 아무것도 감추지 않는다면, 여러분의 생산성은 올라간다.

(감추거나 덮어두기 위해 소모하지 않아도 될 시간의 양을 생각해 보라.) 여러분이 정확한 추정과 낮은 결함 비율로 대비가 되어 있다면, 개발 프로세스에 고객을 포함시키는 것은 신뢰를 조성하고 지속적인 개선을 북돋운다.

점진적 배치

레거시 시스템을 교체하는 프로젝트를 할 때에는 시작한 지 얼마 되지 않는 시기부터 옛 시스템의 작업량을 조금씩 나누어 받아가기 시작한다. 최근에 나는 친구에게서 자체 개발한 복잡한 소프트웨어를 버리고 기성 패키지 제품으로 전환하려고 하는 어떤 식품 연쇄점에 대한 이야기를 들은 적이 있다. 그들의 계획은, 패키지 제품을 이용해 현재 기능을 다시 구현한 다음, 어느 일요일 밤을 기점으로 단 한 번에 넘어가는 것이었다. 나의 즉각적인 반응은, "그 방식은 절대 먹히질 않아." 였다.

가끔 가다가 큰 배치가 먹히는 경우도 있다. 그러나 그러려면 단지 디데이D-day를 준비하기 위해 몇 달이나 새로운 기능을 하나도 추가하지 못하고 일해야 한다. 늦게까지 일하고 주말에도 일하고 도박이 성공해서 새 시스템이 꽤 잘 돌아간다 해도, 모든 사람이 너무 지쳐서 몇 주 또는 몇 달씩이나 생산적인 개발 과정으로 돌아가지 못하게 된다. 만약 도박이 성공하지 못해서 새 시스템 도입을 멈추어야 한다면, 그 대가는 더 커질 것이다. 큰 배치는 위험도 높고 인간적, 경제적 비용도 많이 든다.

그렇다면 대안은 무엇일까? 당장 다룰 수 있는 작은 기능이나 제한된 데이터 집합data set을 하나 찾는다. 그리고 배치한다. 파일을 두 시스템에서 나누어 처리하고 다시 합치거나, 일부 사용자들이 두 프로그램을 모두 사용하도록 훈련하거나 해서 두 프로그램을 동시에 돌릴 방법을 찾아야 한다. 이런 기술적, 사회적 발판이 여러분이 안전을 위해 치르는 보험 비용이다.

나 자신도 예전에는 점진적 배치를 머리로만 믿었지 뱃속 깊은 곳에서 우러나오는 확신은 없었다. 그러나 계약 9,000개를 새로운 시스템으로 이전하는 일을 돕는 작업이 내 생각을 바꾸었다. 몇 달 일한 후에 계약 가운데 80%를 처리할 수 있었지만, 데이터의 질에 문제가 있어서 나머지 20%는 응답을 일치시킬 수 없었다. 우리는 6개월을 나머지 계약들도 처리할 수 있도록(옛날 시스템에 있는 에러들을 똑같이 발생시키는 것을 포함해서) 노력하면서 보냈다. (부동소수점 수를 반올림하기 위해 어떤 방법을 사용했는지 말해줘도 여러분은 믿지 않을 것이다!) 그러자 관리자가 우선순위를 바꿔서 다른 계약 모음을 변환해 달라고 요청했다. 일 년이 지날 무렵이 되어도 우리는 새로운 시스템에 계약을 하나도 배치하지 못했으며 나는 새 집 한 채 값과 맞먹는 보너스를 날리고 말았다. 이제 나는 정말, 정말로 점진적 배치를 신봉한다.

팀 지속성

효율적인 팀은 계속 함께 하도록 하라. 대규모 조직에서는 사람을 사물로 추상화해서 마음대로 넣다 뺐다 할 수 있는 프로그래밍 단위로 보는 경향이 있다. 소프트웨어의 가치는, 사람들이 아는 것과 하는 것뿐 아니라 인간관계와 사람들이 함께 성취하는 것을 통해서도 만들어진다. 단지 일정 관리를 단순하게 하기 위해서 관계와 신뢰의 가치를 무시하는 것은 거짓된 경제관념이다.

작은 조직에는 이런 문제가 없다. 팀이 하나뿐이기 때문이다. 팀에 엉긴 후에는, 일단 신뢰를 얻고 다른 사람을 신뢰하게 된 후에는, 함께 당하는 재난 외에는 팀을 갈라놓을 수 있는 것이 없다. 큰 조직에서는 종종 팀의 가치를 무시하고, 대신 '프로그래밍 자원'을 분자 또는 액체로 비유하는 사고를 채택하곤 한다. 어떤 프로젝트가 끝나면 팀원들은 전부 '자원 저장소'로 돌아가는 것이다. 이런 방식의 일정 관리는 모든 프로그래머가 항시 활용되는 상태를 유지하는 것이 목표다. 이 전략은 미시적 효율성은 최대로 끌어올릴지 몰라도 전체로서 조직의 효율성은 저하시킨다. 그 이유는 개인들을 계속

바쁘게 타자 치도록 만드는 허울뿐인 효율성은 추구하면서, 사람들이 자기가 알고 신뢰하는 사람들과 함께 일하도록 해주는 것의 가치는 무시하기 때문이다.

일단 뭉쳐진 팀을 하나로 유지하라고 해서 팀에 전혀 변화를 주지 말아야 한다는 뜻은 아니다. 나는 이미 자리 잡은 XP 팀에 들어온 새로운 구성원이 얼마나 빨리 팀에 기여하기 시작하는지 보고 놀라곤 한다. 그들은 첫 주부터 개별 과업을 맡겠다고 하며 한 달이 지나면 독립적으로 팀에 기여하기 시작한다. 대체로 팀을 유지하되 구성원을 적정한 수준으로 회전하도록 장려하면, 조직은 안정된 팀이 내놓는 이익, 그리고 지식과 경험이 꾸준히 전파되는 이익을 둘 다 누릴 수 있다.

팀 크기 줄이기

팀의 능력이 신장되면, 작업량은 일정하게 유지하면서 점차 팀의 크기를 줄여라. 그러면 남은 사람으로 더 많은 팀을 만들 수 있다. 팀원이 너무 적다면, 너무 적은 다른 팀과 합친다. 이것이 도요타 생산 시스템Toyota Production System, TPS에서 사용하는 실천방법이다. 나는 사실 이 방법을 사용해 본 적이 없지만, 정말 괜찮은 생각인 것 같아서 여기에 넣었다. 내가 본 더 많아진 작업량을 다루기 위한 다른 확장 전략들, 예를 들어 팀의 크기를 키우고 또 키우는 전략 같은 것은 너무나 효과가 나빠서 나는 대안을 고려할 가치가 있다고 생각한다.

이 실천방법에 대해서는 내가 경험이 없으므로, 여기서는 비유를 들어 설명하겠다. 어떤 제작 셀manufacturing cell에서 다섯 사람이 함께 일한다고 해보자. 이들에게 모두 똑같이 작업량을 나누는 대신, 자기 능력의 100%로 일하는 사람의 숫자를 최대한 늘리도록 한다. 그렇게 되면, 다섯 번째 사람은 작업 시간 가운데 30%만 일하는 데 사용하게 될지도 모른다. 이것은 좋은 일이다. 팀원들은 일하면서 동시에 어떻게 작업 프로세스를 개선할 것인지도 생각한다. 이들은 노력의 낭비를 충분히 제거해서 다섯 번째 사람이 더는 필요 없을 때까지 여러 가지 생각들을 시험해 본다. 모든 사람이 바빠 보이도록 하다 보면, 팀에 활용할 수 있는 여유 자원이 있다는 사실이 가려진다.

소프트웨어 개발에서도 똑같은 방법을 사용하라. 매주 고객에게 스토리가 몇 개 필요한지 알아낸다. 팀 구성원 가운데 몇 명에게 할 일이 없어질 때까지 개발을 개선하는 노력을 한다. 그러면 팀을 축소시킬 준비가 된 것이니, 팀을 줄이고 이 과정을 계속한다.

근본 원인 분석

개발 후에 결함이 발견될 때마다, 결함과 그 원인을 모두 제거하라. 이 실천방법의 목표는 바로 그 결함이 다시 나타나지 않도록 만드는 것이 아니라, 팀이 같은 종류의 실수를 다시는 저지르지 않도록 하는 것이다. XP에서는, 다음 단계가 결함에 대응하는 절차다.

1. 결함을 드러내는 시스템 차원의 자동화된 테스트를 작성한다. 결함을 드러내는 일에는 우리가 바라는 행동을 보여주는 일도 포함된다. 이 작업은 고객도, 고객 지원팀도, 개발자도 할 수 있다.
2. 역시 결함을 재생산하는, 가능한 한 범위가 가장 좁은 단위 테스트를 작성한다.
3. 이 단위 테스트가 통과하도록 시스템을 고친다. 그러면 시스템 테스트 역시 통과되어야 한다. 그렇지 않다면, 2번으로 돌아간다.
4. 결함을 해결한 후에는, 왜 이 결함이 생겼는지, 왜 결함이 이전에 잡히지 않았는지 알아낸다. 앞으로 이런 종류의 결함이 일어나는 일을 막기 위해 필요한 변화를 시작한다.

오노 다이이치[8]는 마지막 단계를 위한 간단한 절차인 '왜 다섯 번Five Whys'을 고안해 냈다. 왜 문제가 발생했는지 다섯 번 묻는 것이다. 자, 예를 들어보자.

8) 역자 주: 도요타 생산방식의 창시자

1. 왜 이 결함을 놓쳤을까? 밤사이에 잔고가 음수가 될 수도 있다는 사실을 몰랐기 때문이다.
2. 왜 우리가 몰랐을까? 김영희씨만 그 사실을 알았는데, 그 사람은 우리 팀에 속하지 않기 때문이다.
3. 왜 우리 팀의 일원이 아닐까? 김영희씨는 아직도 옛날 시스템 지원을 하고 있는데, 다른 사람은 어떻게 하는지 모르기 때문이다.
4. 왜 다른 사람은 어떻게 하는지 모를까? 옛날 시스템에 대해 가르치는 일은 경영상의 우선순위가 아니기 때문이다.
5. 왜 그것이 경영상의 우선순위가 아닐까? 2천만 원 투자가 5억 원을 절약할 수도 있다는 사실을 그들이 몰랐기 때문이다.

'왜 다섯 번'을 하고 나면, 결함의 중심부에는 사람 문제가 놓여 있다는 것을 알게 된다(거의 언제나 사람 문제다). 이 문제를 해결하고, 그 과정에서 다른 문제들도 해결한다면, 이것과 똑같은 문제를 두고 앞으로 다시 씨름할 필요가 없으리라는 것에 대해 어느 정도 안심할 수 있다.

나는 정형적 회귀 테스트를, 단지 테스트를 하나 더 작성하는 것과는 반대로, 보조 실천방법으로 분류했는데, 그 까닭은 결함을 하나하나 해결하는 데 그렇게 많이 투자하기에는 대부분의 팀이 지닌 결함의 수가 너무 많기 때문이다. 그러나 결함 비율이 일주일에 결함 하나 또는 한 달에 하나 정도까지 내려간다면, 투자의 크기는 그에 비례해 줄어들고, 팀은 다른 측면을 개선하는 실천방법을 가지게 된다. 팀이 자신의 약점을 더 깊게 탐구할 준비가 되는 것이다.

코드 공유

팀 구성원 누구든지 언제라도 시스템의 어떤 부분이든 개선할 수 있다. 시스템에 뭔가 문제가 생겼고 그것을 고치는 일이 지금 내가 하고 있는 일의 범위를 벗어나지 않는다면, 그것을 고쳐야 한다.

내가 듣기로 이 실천방법에 대한 하나의 반대 이유는, 만약 아무도 어떤 코드에 대해 책임지지 않는다면 모든 사람이 무책임하게 행동하리라는 것이다. 다들 자기 편한 대로만 코드를 변경해서, 다음에 그것을 건드릴 사람에게 뒤죽박죽된 코드만 남기리라는 것이다. 이런 일이 발생할 위험성 때문에 내가 '코드 공유'를 보조 실천방법 목록에 넣은 것이다. 팀에 집단 책임감이 발달하기 전에는, 아무도 책임지는 사람이 없으면 품질이 떨어지게 된다. 사람들은 팀 전체에 미칠 결과를 생각하지 않고 코드를 변경할 것이다.

그러나 팀워크 모델에는 '각자 자기 일만' 말고도 다른 모델이 있다. 팀 구성원들이 사용자에게 전달할 제품의 품질뿐 아니라 그것을 만들면서 생기는 자부심에도 집단적인 책임을 느끼는 일은 가능하다. 짝 프로그래밍은 팀 동료들이 서로에게 품질에 대한 자신의 헌신을 보여주고 좋은 품질을 구성하는 것이 무엇인가에 대한 서로의 기대치를 통일시키는 일에 도움이 된다.

지속적인 통합은 집단 소유를 실시하기 전에 해야 할 또 다른 중요 전제 조건이다. 개선할 여지가 많은 시스템이라면, 두 시간의 프로그래밍만으로도 시스템의 많은 부분을 건드릴 수 있다. 만약 짝 프로그래밍 팀 둘이 광범위한 영역에 많은 변경을 가하게 된다면, 서로 충돌하는 변경을 만들어 해결하는 데 비용이 많이 들 확률이 높아진다. 만약 팀이 많은 변경을 가하는 중이라면, 통합 사이의 간격을 좁혀서 통합 비용을 낮은 수준으로 유지해야 할 것이다.

코드와 테스트

오직 코드와 테스트만 영구 산출물로 유지하라. 다른 문서들은 코드와 테스트에서 생성되도록 한다. 프로젝트 역사의 중요한 부분을 살아있게 하는 일은 사회적 메커니즘에 맡긴다.

고객은 시스템이 현재 하는 일, 그리고 시스템이 미래에 하도록 팀이 만들 수 있는 일에 대해 비용을 지불한다. 가치의 이런 두 원천에 기여하는 산출물은 그것이 어떤 산출물이든 가치를 지닌다. 그렇지 않은 것은 모두 쓰레기다.

'코드와 테스트'는 한 번에 조금씩 하는 접근방법을 쓰기 쉬운 실천방법이다. 지금 복잡한 5단계 문서 기반 프로세스를 쓰고 있다면, 그것은 팀의 기술이 숙달됨에 따라 한 번에 조금씩 가벼워질 수 있다. 팀이 점진적 설계를 잘 하게 될수록 미리 판단해야 할 설계 결정의 수는 줄어든다. 분기별 주기에서 비즈니스 우선순위를 더 명료하게 표현할수록, 요구사항 문서의 두께는 더 얇아져도 된다.

소프트웨어 개발의 흐름은 몇십 년 동안 이것과 정반대였다. 가치의 흐름을 공식적인 의식儀式이 간섭한다. 소프트웨어 개발에서 가치 있는 결정은 무엇을 할 것인가, 무엇을 하지 않을 것인가, 우리가 하기로 한 것을 어떻게 할 것인가이다. 이 결정들을 한 군데 끌어 모아 서로 연결되게 하면 가치의 흐름이 원활해진다. 지금은 쓸모없어진 산출물들을 제거하는 것이 이 개선을 가능하게 만든다.

단일 코드 기반

코드 흐름은 오직 하나뿐이어야 한다. 잠시 가지를 분기시켜 작업할 수는 있어도, 분기되는 시간은 몇 시간 이내로 한정되어야 한다.

여러 다발의 코드 흐름은 소프트웨어 개발에서 엄청난 낭비를 낳는 근원이다. 내가 현재 배치된 소프트웨어에서 어떤 결함을 고쳤다고 해보자. 그러면 나는 다른 배치된 버전들과 지금 개발이 진행 중인 가지에서도 모두 결함을 고쳐야 한다. 그런 다음에 당신이 내가 가한 수정 때문에 지금 작업하던 것에 문제가 생겼다고 말하며 내 일에 끼어들어 내가 가한 수정을 다시 수정하라고 말한다. 이런 식으로 수정이 계속된다.

특정한 시점에 소스 코드의 여러 버전을 활성화할 정당한 이유들은 물론 존재한다. 하지만 어떤 경우에는 단순한 편의주의, 즉 거시적 결과를 고려하지 않고 수행한 미시적 최적화가 이유의 전부인 때도 있다. 코드 기반 code base이 여러 개라면, 점차 그 수를 줄일 계획을 세운다. 단일 코드 기반에서 여러 제품을 만들 수 있게 빌드 시스템을 개선할 수도 있다. 제품마다 차이 나는 점들을 환경 설정 파일로 옮길 수도 있다. 어떤 일을 해야 하든, 더는 버전이 여러 개가 아닐 때까지 여러분의 프로세스를 개선하라.

내 의뢰인 가운데 한 명은 고객 일곱 명마다 서로 다른 코드 기반을 하나씩 가지고 있었는데, 그것 때문에 생기는 비용은 그가 감당할 정도를 뛰어넘었다. 개발은 예전보다 훨씬 오래 걸렸고, 프로그래머들은 결함을 전보다 훨씬 많이 만들었다. 프로그래밍 역시 더 이상 처음처럼 재미있지 않았다. 내가 다중 코드 기반의 비용을 이야기하고, 그런 실천방법은 규모가 커짐에 따라 적응할 수 없다는 점을 지적했을 때, 내 의뢰인은 코드를 다시 합치는 작업의 비용을 자기는 정말로 감당할 수 없다고 대답했다. 나는 심지어 일곱 버전을 여섯으로 줄이라거나, 다음 고객을 추가할 때에는 기존 버전의 한 변이형으로 추가하라는 것조차 설득할 수 없었다.

소스 코드의 버전을 더 늘리지 말라. 코드 기반의 수를 늘리는 대신, 단일 코드 기반으로 충분하지 못하게 만드는 근본적인 설계 문제를 해결하라. 여러 버전을 가져야 할 정당한 이유가 있다면, 그 이유들을 절대 바뀌지 않는 것으로 보지 말고 도전해야 할 가정들로 생각하라. 깊이 뿌리박힌 가정을 풀어내는 데 시간이 걸릴지도 모르지만, 그렇게 풀어내면 개선의 새로운 차원으로 가는 문이 열릴지도 모른다.

매일 배치

매일 밤 새로운 소프트웨어를 제품으로 내놓아라. 프로그래머의 책상에 있는 것과 제품으로 나온 것 사이의 간격은 모두 위험스럽다. 배치된 소프트웨어와 연결이 끊어진 프로그래머는 결정에 대한 정확한 피드백을 받지 못하는 채로 결정을 내리는 위험을 진다.

'매일 배치'가 보조 실천방법인 까닭은 이 실천방법을 하기 전에 먼저 해야 할 것들이 굉장히 많기 때문이다. 우선 결함 비율은 많아봤자 한 해에 한 움큼 정도여야 한다. 또 빌드 환경은 원활하게 자동화되어야 한다. 게다가 배치 도구들도 자동화되어 있어야 하며, 점진적으로 새 버전을 배치하고 실패가 있을 경우 옛 버전으로 돌아갈 수 있어야 한다. 그리고 가장 중요한 것은, 팀 내의 신뢰도와 고객과의 신뢰도가 높은 수준으로 발달해 있어야 한다는 것이다.

현재 소프트웨어 개발계의 추세가 빈번한 소프트웨어 배치 쪽으로 흘러가는 것은 명백하다. 내 메신저 프로그램은 며칠마다 업데이트된다. 큰 웹사이트들은 매일 미세하게 변경된다. 이 추세를 계속 진행하다 보면 매일 배치에 도달한다.

매일 배치는 방향성을 지닌 실천방법의 좋은 예다. 일 년에 한 번 이상 배치하지 못하고 있다면, 매일 배치는 뜬구름 잡는 소리로 들릴지도 모른다. 나는 자기들은 일 년에 한 번 배치한다고 생각하지만 사실은 일 년에 열두 번 배치하는(릴리즈 한 번에 패치 열한 번) 팀들을 본 적 있다. 이 팀들은 기능을 점진적으로 개선하면서 출시할 능력이 있는데도 그렇게 해야 한다는 사실을 부끄러워하고 그런 능력을 기회로 보지 않았다. 열두 번 릴리즈가 열한 번 패치보다 훨씬 어감이 좋은데도.

프로젝트가 쓸 만해지려면 몇 주나 몇 달이 걸리는 프로젝트에서는 어떻게 매일 배치를 실천할 수 있을까? 데이터베이스의 구조를 다시 잡고, 새로운 기능을 구현하고, 사용자 인터페이스를 변경하는 등 큰 프로젝트에서는 해야 할 작업이 많다. 시스템에 대한 사용자의 경험을 바꾸지 않는 한도에서,

여러분은 사용자 경험과 관계없는 다른 요소들을 배치해도 된다. 그리고 마지막 날에 '쐐기돌', 곧 사용자 인터페이스의 변화를 제자리에 박는다.

배치의 빈도를 높이는 일에는 장애물이 많다. 어떤 것은 결함이 너무 많다거나 비용이 적게 드는 배치 방법을 찾아야 한다는 것처럼 기술적 장애물이고, 어떤 것은 배치 절차가 너무 스트레스를 많이 주기 때문에 사람들이 배치를 두 배나 자주 하라면 내켜하지 않는다는 것처럼 심리적 또는 사회적 장애물이다. 또 어떤 것은 릴리즈를 자주 하게 되어도 그에 따라 요금도 자주 청구할 방법이 없다는 것처럼 사업과 관련이 있는 장애물이다. 장애물이 어떤 것이든 그것을 제거하기 위해 노력한 다음, 그 자연적인 결과로 배치가 좀 더 자주 일어나도록 만들면 여러분이 개발을 개선하는 일에 도움이 될 것이다.

범위 협상 계약Negotiated Scope Contract

소프트웨어 개발 계약을 작성할 때 시간, 비용, 품질은 확정해도, 시스템의 정확한 범위는 계속 협상해 나가자고 요청하라. 긴 계약 하나에 서명하기보다 짧은 계약 여러 개를 여러 번에 걸쳐 서명함으로써 위험도를 낮추어라.

여러분은 '협상한 범위'의 방향으로 나아갈 수 있다. 길고 큰 계약을 절반 또는 삼분의 일로 쪼개, 선택 사항 부분은 계약 당사자가 모두 동의할 경우에만 실행하도록 만들면 된다. '변경 요청'에 대한 비용이 큰 계약은 사전 확정 범위를 줄이고 변경 비용을 낮추어 작성할 수 있다.

'범위 협상 계획'은 소프트웨어 개발에 대한 좋은 충고가 되어 준다. 이는 공급자와 고객의 이해관계를 조정함으로써 의사소통과 피드백을 북돋고, 계약서에 있다는 이유만으로 비효율적인 일을 하지 않고 지금 보기에 옳아 보이는 것을 할 수 있는 용기를 모든 사람에게 주기 위한 메커니즘이다. 지금 순간에는 범위 협상 계약이 사업상 이유나 법률상 이유 때문에 현명한 선택으로 보이지 않을지도 모른다. 그러나 '협상한 범위'의 방향으로 나아가면, 개선시 도움이 될 정보원을 얻게 된다.

사용별 지불

사용별 지불Pay-Per-Use 시스템에서는, 시스템이 사용될 때마다 돈을 청구한다. 돈은 궁극적인 피드백 수단이다. 돈은 구체적이기도 하고 사용가능하다. 돈의 흐름을 소프트웨어 개발에 직접 연결하면, 개선을 이끌어갈 정확하고 시기적절한 정보를 얻을 수 있다. 많은 소프트웨어에서 이미 사용별 지불 방식을 쓰고 있다. 전화 교환기, 전자 주식 교환, 항공편 예약 시스템은 모두 트랜잭션마다 비용을 청구한다. 사업상으로는 사용별 지불 방식에 이점과 단점이 모두 존재하지만, 소프트웨어 개발을 개선하는 데는 이 방식이 만들어 내는 정보가 도움이 될 수 있다.

나는 어떤 메시지 전달 제품에서 사용별 지불의 궁극적 형태를 보았다. 이 제품에서 사용자들은 메시지마다 요금을 지불한다. 개발 과정에서 각 스토리는 더 많은 메시지의 송수신을 장려하도록 의도적으로 선택되었다. 그리고 새로운 종류의 송수신기 지원에 대한 논의에서는 그것을 지원할 경우의 비용 추정치와 수입 추정치가 함께 제시되었다. 개발팀은 수입 추정치의 정확성에 대해 피드백하기 위해 시스템의 사용 실태를 분석했다. 개발팀은 비용과 수익성 둘 다를 최적화하는 데에 이 정보를 사용했다.

오늘날 가장 흔히 보이는 소프트웨어 이용 형태는 고객이 소프트웨어의 릴리즈마다 돈을 지불하는 방식이다. 그러나 릴리즈 별 지불 방식에서는 공급자의 이해관계와 고객의 이해관계가 충돌한다. 공급자는 릴리즈마다 고객이 돈을 내게 할 정도로만 새로운 기능을 추가하면서 릴리즈를 많이 만들어 낼 이기적인 동기가 있다. 고객은 (업그레이드가 고통스럽기 때문에) 적은 수의 릴리즈를 원하지만, 릴리즈마다 많은 기능이 포함되기를 원한다. 이런 두 이해관계 집합 사이의 긴장은 의사소통과 피드백을 감소시킨다.

여러분이 사용별 지불은 실행할 수 없다고 해도, 구독 모델subscription model로 갈 수는 있을지도 모른다. 구독 모델에서는 소프트웨어 사용 요금을 달마다 또는 분기마다 지불한다. 구독 모델의 경우, 개발팀은 최소한 유지 비율(계속 구독하는 고객의 수)을 팀이 얼마나 잘 하는지 판단하는 정보의 원천으로 삼을 수 있다. 변화의 정도가 더 작은 사업 모델도 있는데, 계약할 때 지원 비용의 비중을 늘리고 고객이 선불하는 금액의 비중은 줄이는 사업 모델이 그것이다.

사용별 지불에 대한 반대 이유 가운데 하나는, 고객은 비용이 예측가능하기를 원한다는 것이다. 그러나 사용별 지불의 가격 경쟁력이 충분히 크다면, 고객은 별로 개의치 않을 수도 있다. 사용별 지불이 제공하는 정보를 이용하는 팀은 라이선스 수입에서 오는 피드백에만 의존하는 팀보다 더 효율적으로 일할 수 있다.

결론

성공적인 소프트웨어 개발에 필요한 게 기본 실천방법과 보조 실천방법이 전부라고 할 수는 없다. 하지만 이 실천방법들은 내가 관찰한 결과 훌륭한 소프트웨어 개발팀의 핵심 요소라고 믿게 된 것들이다. 여기 실천방법들 가운데 하나로 해결하지 못하는 문제가 여러분에게 생긴다면, 그때는 여러분 팀을 위해 적절한 해결책을 찾아낼 수 있도록 가치와 원칙들을 돌아봐야 할 것이다.

10장

Extreme Programming Explained

전체 XP 팀

효율적인 소프트웨어 개발이 이루어지려면 많은 사람의 시각을 반영해야 한다. XP의 '전체 팀' 실천방법에 따르면, 프로젝트를 더 효율적이게 만들기 위해서는 다양한 종류의 사람들이 서로 의견을 주고받으면서 함께 일해야 한다. 이 사람들 각자가 성공하고 싶다면 한 집단이 되어 일해야 한다. XP 팀에 속한 모든 사람은 자신의 미래를 일의 영역에서 찾으려는 사람들이다. XP는 어떤 프로젝트를 수행하는 프로그래머들의 효율적인 행동 요령을 규정하는 것에서 시작되었다. 여기에는 XP 팀 구성원 각각에 대한 규정의 시초가 있다.

'흐름'의 원칙에 따르면, 대규모 배치deployment를 드문드문 할 때보다 소프트웨어를 부드럽고 꾸준히 흐르게 할 때 더 많은 가치가 창출된다. 흐름은 소프트웨어를 개발할 때 필요한 여러 종류의 작업들을 구조화structuring하는 데 특히 중요하지만, 실제 적용은 꽤 어려울지도 모른다. 한번은 어떤 조직에서 어떤 방식으로 소프트웨어를 개발할까 결정하는 회의에 온종일 앉아 있던 적이 있다. 회의를 시작할 때에는 프로그래머와 임원들만 있었다. 그러나 그날 일정에 따르면 다양한 직무 분야의 대표자들이 어떤 개발 방식이 필요한지 자신의 시각을 밝히기 위해 그날 하루에 걸쳐 회의에 계속 합류하기로 되어 있었다. 프로그래머는 XP에 대해서, 곧 위험 관리, 즉각적인 이익immediate return, 피드백, 단계보다 활동을 선호하는 이유에 대해서 이야기하기 시작했다. 사람들은 머리를 끄덕였다. 전부 이치에 맞는 이야기처럼 들렸다.

그때 아키텍트들이 왔다. 그들은 XP가 프로그래머들한테는 좋을지 몰라도, 아키텍처를 프로젝트 초기의 어느 단계에서 설계할 수 있도록 해준다면 모든 일이 훨씬 부드럽게 진행될 거라고 설명했다. 사람들은 이에 대해, 흐름을 옹호해야 하며, 아키텍트 역시 흐름 원칙에 따라서 처음에는 아키텍처를 시작하기 충분할 정도로만 만들고 일을 진행하면서 꾸준히 다듬어가야 한다는 주장을 아키텍트들에게 퍼부었다. 결국 그들은 마지못해 그렇게 하겠다고 동의했지만, 그래도 아키텍처 단계가 따로 있는 만큼 좋지는 않을 것이라고 말했다.

그 다음에는 상호작용 설계자interaction designer들이 왔다. 그들은 XP가 프로그래머들한테는 좋을지 몰라도, 상호작용을 프로젝트 초기의 어느 단계에서 설계할 수 있도록 해준다면 모든 일이 훨씬 부드럽게 진행될 거라고 설명했다. 프로그래머, 임원, 아키텍트들은 또 흐름에 대한 논쟁으로 돌아갔다. 상호작용 설계자들도 처음에는 상호작용을 시작하기 충분할 정도로만 만든 다음에 꾸준히 다듬겠다고 동의했지만, 그래도 프로젝트 초기에 자기네가 일을 하는 만큼 좋지는 않을 것이라고 말했다.

기반구조 계획자infrastructure planner들이 자기들이 프로젝트 초기에 모든 기반구조 관련 결정을 내릴 수 있게 해달라고 제안할 때쯤 되자, 회의는 우스워지기 시작했다. 마지못해나마 모두 점진적으로 일하기로 동의하는 데는 시간이 그리 오래 걸리지 않았다.

이 이야기에 행복한 결말은 없다. 자신의 의지에 반해 설득될 수 있는 사람은 없다. 위 집단 가운데 누구도 자기를 더 큰 전체의 일부로 보지 않았다. 그래서 스트레스를 받는 상황이 오자, 이들은 모든 일을 초기에 하려드는 옛날 상태로 되돌아갔다.

이것은 마치 다양한 시각을 지닌 사람들이 몸을 줄에 묶고 빙하 위를 걸어가는데, 모두들 자기가 행렬의 선두에 서겠다고 다투는 것과 마찬가지인 상황이다. 사실 누가 선두인지는 전혀 중요하지 않다. 그들 모두 한 줄에 묶여 있다는 사실을 전체 팀은 잊고 있다. 옆으로 나란히 걷는다면, 어느 한 집단이 다른 사람들에게 자기를 따르라고 강요할 때보다 더 멀리 나아갈 수 있다.

테스터

XP 팀의 테스터는 구현을 시작하기에 앞서 고객이 자동화된 시스템 차원의 테스트System-level test를 선택하고 작성하는 일을 돕고, 프로그래머에게 테스트 관련 기법을 지도한다. XP 팀에서 사소한 실수를 잡아낼 책임은 대부분 프로그래머에게 돌아간다. '테스트 우선 프로그래밍'을 실천한다면, 프로젝트를 안정되게 유지하는 데 도움을 주는 테스트 스위트test suite가 이미 있을 것이기 때문이다. 테스터의 역할은 개발 초기로 앞당겨져서, 시스템의 기능을 구현하기 전에 먼저 시스템의 기능이 만족스럽다고 말할 수 있으려면 무엇이 필요한지 정의하고 명시하는 일을 돕는 것이 된다.

'일주일별 주기'에서, 스토리들을 선택한 다음에 제일 먼저 할 일은 그것을 시스템 차원의 테스트system-level test로 바꾸는 일이다. 이 때가 뛰어난 테스트 기술이 큰 도움이 되는 시점 중 하나다. 고객들이 자기가 보고 싶은 일반적 행동에 대해 괜찮은 생각을 갖고 있을지 몰라도, '행복한 경로happy paht'[9]를 보고는 어떤 일이 잘못될 경우 무슨 일이 일어나야 하는가 질문하는 데 능숙한 사람은 테스터다. "좋아요, 그런데 로그인이 세 번 실패하면 어떡하죠? 그러면 무슨 일이 일어나야 하나요?" 이 역할을 맡을 때 테스터는 의사소통을 증폭시킨다. 테스터는 스토리들이 완전히 구현되고 배치할 준비도 다 되었을 경우에만 시스템 차원의 테스트들이 통과하도록 보장한다.

9) 역자 주: 모든 일이 순조로이, 정상적으로 진행되어 행복한 결말에 다다를 수 있는 소프트웨어 실행 경로.

우선 이번 주에 사용할 테스트들을 작성하고 이것들이 실패하는 것을 확인한 후에도, 테스터들은 구현을 진행하면서 명세해 주어야 할 새로운 세부 사항이 드러날 때마다 새로운 테스트를 계속 작성한다. 또한 테스트들을 조정하고 더 자동화하는 일도 할 수 있다. 마지막으로, 어떤 테스트 문제가 꼬여서 프로그래머의 작업이 막힐 경우, 그것을 해결하기 위해 테스터가 프로그래머와 짝 프로그래밍을 할 수도 있다.

상호작용 설계자

XP 팀의 상호작용 설계자는 시스템의 전반적인 메타포를 선택하고, 스토리들을 작성하고, 새로운 스토리를 찾아낼 기회를 잡기 위해 이미 배치된 시스템의 사용 양상을 조사한다. 최종사용자의 문제꺼리를 해결하는 것은 팀에서 우선순위가 높은 작업이다. 페르소나persona[10] 또는 목표goal[11] 같은 상호작용 설계 도구도 팀이 사용자의 세계를 분석하고 이해하는 데 도움이 되지만, 그래도 진짜 사람과의 대화만한 것은 없다. 그러나 상호작용 설계자들에 대한 조언들은 대부분 단계주의자의 개발 모델에 바탕을 두고 있다. 이 모델에서는 먼저 시스템이 해야 할 일이 무엇인지 상호작용 설계자가 파악한 다음, 그런 일을 하도록 프로그래머들이 시스템을 만든다. 그러나 단계는 피드백을 감소시키고 가치의 흐름을 제약한다. 개발을 단계로 나누지 않고도 상호작용 설계자와 XP 팀의 나머지 사람들이 둘 다 이익을 볼 수 있다.

XP 팀에서 상호작용 설계자는 고객이 스토리를 작성하고 명료하게 만드는 일을 도우면서 고객들과 함께 일한다. 상호작용 설계자는 이 과정에서 자기들이 쓰던 기존 도구를 전부 그대로 사용할 수 있다. 또한 시스템의 실제 사용 양상을 분석해서 시스템이 해야 할 다음 일은 무엇인지 결정한다. XP 팀의 상호작용 설계자들은 프로젝트 초기에 명세를 만드는 작업은 조금만 한 다음, 프로젝트를 하는 내내 사용자 인터페이스를 계속 다듬는다.

10) 역자 주: 원래는 연극, 소설 등의 등장인물을 일컫는다. 소프트웨어를 개발할 때 상상 속의 전형적 사용자를 몇 명 만들어 이름도 붙이고, 가짜 사진도 만들고, 성격이나 배경 등도 규정해서 방 안에 크게 붙여놓는다. 그리고 그 사람들을 상정하며 요구사항을 뽑고 테스트하는 등 개발의 가이드로 삼는다. 『The Persona Lifecycle』이라는 책이 탁월하다.

11) 역자 주: 상호작용 설계 시 과업의 목표 중심으로 설계하는 기법. 예컨대 어떤 링크를 어떤 순서로 누르냐보다, 왜 무슨 목적으로 그 일을 하냐를 생각하고 거기에서 출발한다.

아키텍트

XP 팀의 아키텍트는 대규모 리팩터링을 찾아내고 실행하는 일, 아키텍처를 집중 테스트하는 시스템 차원의 테스트를 작성하는 일, 스토리를 구현하는 일을 한다. 아키텍트는 자신의 전문성을 프로젝트를 하는 내내 필요할 때마다 조금씩 적용한다. 이들이 프로젝트가 발전하는 동안 아키텍처의 방향을 잡아주는 것이다. 작은 시스템의 아키텍처는 큰 시스템의 아키텍처와 같아서는 안 된다. 시스템이 작을 경우 아키텍트는 시스템이 확실히 그에 걸맞는 작은 아키텍처를 가지도록 한다. 시스템이 자라면, 아키텍트는 크기의 증가에 발맞춰 아키텍처 역시 커질 수 있도록 한다.

아키텍처의 큰 변화를 작고 안전한 단계로 나누어 실현하는 일은 XP 팀이 직면하는 큰 도전거리 가운데 하나다. '권위와 책임의 연결' 원칙에 따르면, 자기 결정의 결과에 자신은 영향을 받지 않는 사람에게 다른 사람들이 따라야 하는 결정을 내릴 힘을 주는 것은 나쁜 생각이다. 아키텍트 역시 다른 프로그래머들과 마찬가지로 프로그래밍 과업에 서명해야 한다. 하지만 그들은 프로젝트에 많은 보상을 안겨줄 큰 변화의 기회도 계속 찾아야 한다.

테스트는 아키텍처 상의 의도를 말해 줄 수 있다. 어떤 큰 신용카드 처리 회사의 아키텍트와 이야기를 나눈 적이 있는데, 그의 말에 따르면 자기네와 같이 처리량이 많은 환경에서는 "방해가 될만한 어떤 아키텍처도 원하지 않는다."고 했다. 그런 일을 막기 위해 그의 팀은 정교한 스트레스 테스트 환경을 갖추었다고 한다. 아키텍처를 개선하고 싶을 경우, 그들은 시스템이 무너질 때까지 스트레스 테스트를 강화한다. 그런 다음 스트레스 테스트를 간신히 통과할 정도까지만 아키텍처를 개선한다.

나는 테스트를 의사소통 수단으로 사용하는 이 전략을 다른 회사의 아키텍트에게 권해본 적이 있다. 명세서를 작성한 다음 그것을 개발자들에게 설명하느라 자기 시간 대부분을 허비한다고 그가 불평했기 때문이다. 그는 더 이상 코딩할 시간이 없다는 점을 불만스러워했다. 나는 그에게 테스트 기반

구조를 작성한 다음 명세서와 설명 대신 테스트를 사용해 보라고 권했다. 만약 설계에 구멍이 보인다면, 그 구멍 때문에 실패하는 테스트를 만들어 그 사실을 지적하는 것이다. 그를 설득하는 데는 실패했지만, 나는 여전히 이것을 가치 있는 생각이라고 여긴다.

시스템을 구획짓는 일은 XP 팀의 아키텍트에게 맡겨진 또 다른 작업이다. 구획짓기는 초기에 단 한 번만 해두면 되는 종류의 일이 아니다. XP 팀은 일을 분할한 다음 정복하는 대신에 정복한 다음 분할한다. 먼저 작은 팀이 작은 시스템을 작성한다. 그런 다음 그들은 자연스럽게 갈라지는 금들을 찾아 시스템을 상대적으로 서로 독립된 부분으로 나눈 후 각 부분을 확장해 나간다. 아키텍트는 가장 적합하게 갈라지는 금들을 선택하도록 도운 다음, 다른 집단들이 자기들 작은 구획에 집중하는 동안 머리 속에 큰 그림을 유지하며 시스템 전체를 따라가는 일을 한다.

프로젝트 관리자

XP 팀의 프로젝트 관리자는 팀 내 의사소통이 용이하도록facilitate하고 고객과, 공급자와 그리고 조직의 다른 부분과의 의사소통을 조정한다. 프로젝트 관리자는 팀의 역사가로 활동하며 팀에게 프로젝트의 진전 정도를 상기시킨다. 프로젝트 관리자는 프로젝트 관련 정보를 임원과 동료들에게 프레젠테이션하기 위해 창조적으로 잘 포장할 필요가 있다. 정확성을 유지하려면 정보는 자주 갱신되어야 하며, 이것은 도움이 되는 방식으로 변화를 의사소통할 수 있어야 한다는 도전거리를 프로젝트 관리자에게 안겨준다.

XP에서 계획 짜기는 하나의 단계가 아니라 활동이다. 프로젝트 관리자에게는 계획과 현실이 계속 일치하도록 유지할 책임이 있다. 이들은 대개 계획 짜기 과정 자체에 개선을 가하기 위한 가장 좋은 위치에 서 있다. 처음에는 팀이 일주일에 하루를 계획하는 데 써야 할지도 모르지만, 꾸준히 개선할 경우 더 적은 시간에 더 나은 결과를 얻는 일도 가능하다. 최고의 팀들은 한 시간 만에 일주일 분량의 일을 정확하게 계획할 수 있으나, 이 정도의 효율을 달성하려면 연습이 필요하다.

정보는 팀 안쪽과 바깥쪽 양 방향으로 흐른다. 프로젝트 관리자는 고객, 후원자, 공급자, 사용자들에서 팀으로 오는 의사소통이 용이하도록 한다. 의사소통이 쉽게 되려면 필요할 때마다 팀 내부의 가장 적절한 사람과 팀 바깥의 가장 적절한 사람을 연결해 주는 역할을 해야지, 의사소통의 병목이 되어서는 안 된다. 프로젝트 관리자는 팀 내부의 의사소통 또한 용이하도록 해서, 팀의 응집성과 자신감을 높인다. 효율적인 퍼실러테이터facilitator[12] 구실을 하여 얻는 권력은 중요한 정보를 통제하는 사람이 되어 얻는 권력보다 크다.

12) 역자주: 우리말에는 딱 맞는 역어가 없다. 의사소통이 더욱 잘 되도록 도와준다는 의미로, 통상 회의의 진행자가 하는 일을 일컫기도 한다. 직역하자면 '촉진자'에 가깝다.

제품 관리자

XP에서, 제품 관리자는 스토리를 작성하고, 분기별 주기에서 주제와 스토리들을 고르고, 일주일별 주기에서 스토리들을 고르고, 구현 과정 중 스토리에서 완전하게 명세되지 않은 부분들이 드러날 경우 질문에 답변하는 일을 한다. 제품 관리자는 프로젝트 시작 시점에 스토리를 몇 개 골라내고 그 다음부터 노는 자리가 아니다. XP에서 계획은 어떤 일이 **가능한지**를 보여주는 하나의 예시이지, 어떤 일이 **일어날지**에 대한 예측이 아니다.

팀이 하기로 한 일이 너무 많은 경우, 제품 관리자는 진짜 요구사항과 추측된 요구사항을 분석해서 가려냄으로써 팀이 우선순위를 결정하는 일을 돕는다. 프로젝트 관리자는 지금 당장에 일어나는 일에 맞추어 스토리와 주제를 조정한다.

스토리들의 구현 순서는 기술적인 이유가 아니라 사업적인 이유에 따라 결정되어야 한다. 목표는 첫 주부터 작동하는 시스템을 만들어 내는 것이다. 제품 관리자가 반드시 시작부터 끝까지 함께 할 필요는 없다. 나는 어떤 계획 도구를 만드는 프로젝트에 관련해서 그 프로젝트의 제품 관리자와 이야기한 적이 있다. 그는 편집 기능부터 먼저 만들고 싶어 했다. 프로그래머들은 사용자가 정보를 입력할 수 있게 되기도 전에 그것을 편집하는 기능부터 만드는 것은 이치에 맞지 않는다고 생각했다. 그러나 편집이 그 제품에서 가장 가치 있는 부분이었으므로, 제품 관리자는 프로그래머가 수작업으로 입력할 수 있는 가짜 데이터 집합을 정의했다. 그렇게 되자, 어떤 식으로 편집되는지를 모든 사람이 볼 수 있었다. 이것은 전체 팀에게 제품의 핵심 기능을 일찍 볼 기회를 주었으며 그 결과 그것을 다듬을 충분한 시간이 생겼다.

시스템은 첫 번째 일주일별 주기가 끝날 때쯤 '전체를 담고 있어야whole' 한다. 이미지 처리를 계획했다면, 첫 주말에 이미지를 처리할 수 있어야 한다. 제품 관리자는 이런 일이 가능할 수 있도록 스토리들을 고른다.

제품 관리자는 고객이 가장 중요하다고 생각하는 사항을 프로그래머들이 듣고 그것에 대응해 행동할 수 있도록 고객과 프로그래머 사이의 의사소통을 장려한다. 팀이 '진짜 고객 참여'를 실천하는 중이라면, 제품 관리자는 전체 시장의 필요뿐 아니라 스토리를 고르는 고객의 특정한 필요도 맞추어 주는 방향으로 시스템이 성장하도록 장려할 책임이 있다.

임원

임원은 XP 팀에게 용기, 자신감, 책임감을 불어넣는다. XP 팀의 강점인, 공동의 목표를 향한 공동의 성장은 약점이 될 수도 있다. 팀 목표가 회사 목표와 어긋난다면 어떻게 할까? 압력이나 성공의 흥분에 떠밀려 목표가 흔들린다면 어떻게 할까? 규모가 큰 목표를 뚜렷하게 표현하고 유지하는 일은 XP 팀을 후원하거나 감독하는 임원의 임무 가운데 하나다.

XP 팀을 후원하거나 감독하는 임원의 또 다른 임무는 개선을 감시하고, 권장하고, 조장하는 일이다. XP의 목표가 뛰어난 소프트웨어 개발을 당연한 일로 만드는 것인 만큼, 임원은 팀에서 단지 좋은 소프트웨어가 나오는 것 뿐만 아니라 지속적인 개선을 볼 권리가 있다.

임원은 XP 프로젝트에서 어떤 점에 대해서든 자유롭게 설명을 요구할 수 있다. 그리고 그 설명은 이해할 수 있어야 한다. 만약 설명이 이해되지 않는다면, 임원은 팀이 숙고해서 더 명료한 설명을 해주리라 기대할 수 있어야 한다.

임원은 어떤 의사 결정 과정에서든 팀에게 여러 선택사항에 대한 정직하고 명료한 설명을 들으리라 기대할 수 있어야 한다. 임원은 여러 문제에 직면해서도 장기적 시야를 유지해야 하고, 범위를 축소할 필요를 맞닥뜨렸을 때에는 조직에 정말로 필요한 것과 프로젝트의 요구사항에 초점을 맞추어야 한다. 빈번하고 개방적인 의사소통 덕분에, 이런 결정을 내려야 할 때 임원은 정보에 입각한 결정을 내리기에 필요한 정보를 미리 갖추게 된다.

나는 XP 팀이 얼마나 건강한지 측정할 때 두 가지 수치를 믿는다. 첫 번째는 개발 후에 발견된 결함의 개수다. XP 팀은 첫 번째 배치부터 극적으로 결함의 수를 줄여야 하며, 그 지점부터도 또 다시 빠른 발전을 보여야 한다. 몇 년 동안 개선의 길을 걸어온 몇몇 XP 팀들은 결함을 일년에 겨우 몇 개 정도만 발견한다. 어떤 결함도 용납될 수 없으며, 각 결함은 팀이 배우고 개선할 기회다.

내가 사용하는 두 번째 수치는 어떤 생각에 투자를 시작하는 시점과 그 생각이 처음으로 수익을 발생시키는 시점 사이의 시차다. 규모가 작은 조직에서도 투자부터 수익까지 보통 1년 이상 걸린다. 투자부터 수익까지 걸리는 시간을 점차 줄이면 전체 팀이 활용할 수 있는 피드백의 양과 적시성適時性이 증가한다.

개발 후 결함의 수와, 투자와 수익의 시차는 둘 다 속도계가 속도를 나타내는 계측기인 것과 마찬가지로 팀 효율성을 나타내는 계측기일 뿐이다. 속도계 바늘을 잡고 한쪽으로 움직인다고 자동차의 속도가 높아지지는 않는다. 속도를 높이고 싶다면, 액셀러레이터를 밟은 다음에 그 행동이 효과가 있었는지 속도계를 보아야 한다. 이와 비슷하게, 측정 수치를 바탕으로 목표를 정할 때에도 근본적인 문제를 해결해야 한다. 숫자만 직접 '가지고 노는' 일은 숫자 외에는 어떤 면에서도 개선을 가져오지 않으며 프로젝트의 투명성이라는 가치를 훼손한다.

XP 팀이 조직의 기대치를 달성하지 못할지도 모른다. XP 팀을 조직의 다른 부분에 긍정적으로 보이게 만드는 일도 임원의 임무 가운데 일부다. XP 팀은 자기 실력만큼 평가 받을 각오가 되어 있다. 임원이 할 일은 비판에 맞서서 계속 일을 진행시킬 용기를 내는 것이다. 팀이 새로운 기능을 자주 배치하기 시작할 경우, 가치 흐름의 병목은 조직 내 다른 곳으로 옮겨간다. 임원은 이런 병목의 이동을 긍정적으로 보도록 회사의 마음가짐을 준비시킬 필요가 있다. 제약 지점이 옮겨간 다음에는, 다른 부서들이 모양새를 구기는 일이 생기지 않도록 옛날식으로 소프트웨어 개발을 되돌리라는 요구가 생길 수 있는데, 임원은 이에 맞서 버틸 준비가 되어 있어야 한다.

XP 팀을 평가하는 사람들은 효율적인 팀은 어떤 모습을 보이는지 이해해야 한다. 그런 팀의 모습은 여태 보아온 팀과 다를지도 모른다. 예를 들어, XP 팀에서 대화와 작업은 언제나 함께다. 웅성거림은 팀이 건강하다는 징표다. 침묵은 위험이 점점 쌓여가는 소리다. XP 팀을 이해하고, 자신의 경험과 견지를 XP 팀에 효과적으로 적용하기 위해 임원은 새로운 경험 규칙들rules of thumb을 배워야 할지도 모른다.

테크니컬 라이터

XP 팀에서 기술적 출판물의 역할은 기능에 대한 빠른 피드백을 제공하는 것과 사용자들과 더 긴밀한 관계를 맺는 것이다. 첫 번째 역할을 할 수 있는 까닭은, 팀에 소속된 테크니컬 라이터technical writer가 흔히 기능들이 아직 대략적인 구상 단계일 때부터 처음으로 그 기능을 보는 사람이기 때문이다. 다른 팀원들과 함께 작업실에 앉아 있는 테크니컬 라이터는 이렇게 말해도 된다. "내가 이걸 어떻게 설명하죠?" 그것을 설명하는 좋은 방법이 있을지도 모르고 없을지도 모른다. 방법이 있든 없든, 전체로서의 팀은 배움을 얻게 된다. 시스템을 글과 그림으로 설명하는 작업은 팀에 필요한 피드백을 생성하는 사슬의 중요한 연결 고리다.

고객과 더 긴밀한 관계를 맺는 것이 테크니컬 라이터의 두 번째 역할이다. 이것은 고객이 제품에 대해 배우는 일을 돕고, 그들의 반응에 귀 기울이고, 고객이 헷갈려하면 다른 출판물이나 새로운 스토리로 그것을 해결하는 역할이다. 출판물은 사용 설명서tutorial, 참조 설명서reference manual, 기술적 개요technical overview, 비디오, 오디오 등 어떤 형태로도 된다. 테크니컬 라이터는 고객에게 귀 기울여야 한다. 사용자가 실제로 제품을 사용할 때 어떤 식으로 오해하는지 귀 기울여 들어야 한다. 의사소통의 약점이 있었다면 출판물을 추가해 고친다. 제품의 약점은 계획 과정에 넣는다. 예를 들어, 어떤 종류의 '사용자 실수'를 해결하는 스토리들을 사용자들의 비평을 기반으로 해서 만든 다음 그 스토리들을 계획 단계에서 고를 수도 있다.

XP 개발 시스템의 변화 속도는 XP에서 기술적 출판물을 만드는 일을 어렵게 만든다. 옛날 일하는 방식에서는 개발 초기에 명세를 고정했고 프로그래머들이 명세를 코드로 바꾸는 동안 테크니컬 라이터는 명세를 사용설명서로 바꾸면 되었다. XP 세상에서는, 게임의 거의 마지막 순간까지 정확한 명세가 고정되지 않는다. 뛰어난 팀일수록, 더 늦은 시점에서도 기꺼이 큰 변화를 만든다. 이것은 테크니컬 라이터가 언제나 변화를 뒤쫓아 다녀야 한다는 말이다.

그렇다 해도, 뒤에 바싹 붙을 수 있다. 이번 주 스토리들을 다음 주의 문서화 작업으로 삼으면, 문서 작업의 완료 시점이 스토리 작업 완료보다 단 한 주일만 늦어지도록 만들 수 있다. 일단 이 기법에 숙달되고 나면, 문서를 스토리와 같은 주에 완성하는 것에 도전해도 된다.

완벽한 문서화란 어떤 것일까? 문서에서 서술하는 기능이 막 구현된 바로 그 시점에 문서 작성도 완료되는 것이 완벽한 문서화다. 문서에서 개선할 점이 발견될 때 갱신하기 쉬운 것이 완벽한 문서화다. 만드는 데 비용이 적게 드는 것이 완벽한 문서화다. 기본 개발 주기에 추가 시간을 더하지 않는 것이 완벽한 문서화다. 사용자에게 가치 있는 것이 완벽한 문서화다. 문서를 작성하는 작업이 팀에게도 가치 있는 것이 완벽한 문서화다.

지금 있는 위치에서 일단 시작한 다음 점차 이상을 향해 가는 것이 XP의 철학이다. 지금 있는 위치에서, 여러분이 조금 더 개선할 수 있을까? 종이 문서를 만들어 내야 하기 때문에 개발 주기에 6주라는 시간이 더해진다면, 완전히 전자 문서로 갈 수는 없을까? 아니면 시스템을 먼저 배치하고 종이 문서는 6주 뒤에 보내면 안 될까? 이미 모두 전자 문서로 쓰고 있긴 한데, 기능 구현이 끝난 후에도 두 달 동안은 문서 작업이 완료될 수 없는 상태라면, 문서화에 드는 시간을 줄여서 두 주일 후까지 당길 방법을 찾아낼 수는 없을까? 같은 주까지 시간을 앞당길 수는 없을까?

XP 팀은 실제 사용 양태에서 피드백을 얻어야 한다. 사용 설명서가 여러분 사이트에 온라인 형태로 존재한다면, 여러분은 그것의 사용 양태를 관찰할 수 있다. 사용자가 어떤 종류의 문서는 결코 보지 않는다면, 그 문서를 작성하는 일은 그만둔다. 그 시간을 더 잘 활용할 다른 방법이 있을 것이다. 문서가 제품과 함께 배치되는 형태일 경우, 제품에 사용 양태를 기록하는 기능이 들어 있다면 문서의 사용 양태도 기록에 포함해 달라고 요청한다. 이것이 고객이 무엇에 가치를 두는지 더 많은 정보를 여러분에게 전해줄 것이다.

사용자

XP 팀의 사용자는 스토리를 작성하고 고르는 일을 돕고 개발 중에 문제 영역domain에 관련된 결정을 내린다. 지금 만드는 시스템과 비슷한 시스템들에 대한 광범위한 지식과 경험을 지녔고, 시스템이 완전히 배치될 때 그것을 사용할 더 넓은 사용자 공동체와 튼튼한 관계를 맺는 사람이 가장 가치 있는 사용자다. 사용자는 자신이 전체 공동체를 대변한다는 사실을 늘

염두에 두어야 한다. 또, 공동체의 다른 사람들과 이야기를 나누기 전에는 큰 영향을 줄 수 있는 결정을 내리지 말아야 하고, 그동안 대신 작업할 다른 스토리들을 주어야 한다.

프로그래머

XP 팀의 프로그래머는 스토리와 과업을 추정하고, 스토리를 과업들로 나누고, 테스트를 작성하고, 기능을 구현하는 코드를 작성하고, 지겨운 개발 프로세스를 자동화하고, 시스템의 설계를 점진적으로 개선한다. XP 팀의 프로그래머들은 서로 긴밀한 기술적 협력을 나누며 일하고, 제품에 들어갈 코드를 만들 때에는 짝 프로그래밍도 하기 때문에, 그들은 사회적 기술과 인간관계 기술을 잘 개발할 필요가 있다.

인적자원부

개발팀이 XP를 시작할 때 인적자원부에는 도전거리가 두 개 생긴다고 알려져 있다. 평가와 채용이 그것이다. XP는 팀의 성과에 중점을 두는데, 업무 평가와 임금 인상은 대부분 개인의 목표와 성취에 기반을 두기 때문에 평가에 관련된 문제가 생긴다. 프로그래머가 자기 시간 가운데 절반을 다른 사람과 짝 프로그래밍하는 데 쓴다면, 그의 개인성과는 어떻게 측정해야 할까? 개인성과를 근거로 자신이 평가된다면, 프로그래머가 다른 사람을 돕도록 만들 유인 동기가 얼마나 생길까?

그러나 XP 팀 구성원들의 평가가 XP를 적용하기 전의 평가와 크게 달라져야 하는 것은 아니다. XP에서는, 다음 같은 사람이 가치 있는 직원이다.

- 다른 사람을 존중하는 행동을 한다.
- 다른 사람과 잘 어울린다.

- 솔선수범한다.
- 자신이 약속한 것을 지킨다.

여러 팀이 평가 문제를 두 가지 방법 중 하나로 해결했다. 계속 개인별 목표, 평가, 임금 인상 방식을 유지하는 것과, 아니면 팀 기반의 보상과 임금 인상으로 옮겨가는 것이다. XP의 투명성은 관리자들에게 개인별 평가의 기초가 될 정보를 충분히 제공한다. 매주 각각의 팀 구성원들이 고객이 요청한 일에 직접 관련 있는 과업들에 드러내놓고 서명하고, 추정하고, 성취한다. 하지만 몇몇 팀에서는 이타적 행동을 하도록 만들 필요성 때문에 개인 대신 팀 전체를 단위로 임금 인상을 시행하는 방식으로 옮겨갔다. 두 방식을 혼합한 또 다른 착상이 있는데, 평가와 임금 인상은 개인별로 하고 훌륭한 팀워크에는 상여금을 주는 방법이다.

XP 팀의 채용 방법은 기존 채용 방법과 다를 수 있다. XP 팀은 팀워크와 사회적 기술에 훨씬 더 비중을 둔다. 기술면에서 최고인 독불장군과, 능력은 그냥 유능한 정도지만 사회성이 좋은 프로그래머가 있을 경우, XP 팀은 한결같이 사회성이 더 좋은 후보를 고른다. 후보자가 팀에서 하루 일 해보는 것이 가장 좋은 면접 기법이다. 짝 프로그래밍은 기술 능력과 사회적 능력을 시험하는 훌륭한 방법이다.

역할

성숙한 XP 팀에서 역할들은 융통성 없이 고정된 것이 아니다. 우리 목표는 모든 사람이 팀의 성공을 위해 자신이 할 수 있는 최대한을 내놓는 것이다. 처음에는, 기술 쪽 사람들은 기술적 결정을 내리고 사업 쪽 사람들은 사업적 결정을 내리는 것처럼 고정된 역할이 새로운 습관을 들이는 데 도움이 되기도 한다. 그러나 서로 존중하는 새로운 인간관계가 팀 구성원 사이에 확립되면, 고정된 역할은 모든 사람이 최선을 다하도록 만든다는 목표에 방해가 된다. 프로그래머라도 자기가 스토리를 작성하기에 가장 좋은 위치에 놓인 경우라면 스토리를 작성해도 된다. 제품 관리자라도 자기가 아키텍처의 개선을 건의하기에 가장 좋은 위치에 놓인 경우라면 아키텍처 개선을 건의해도 된다.

앞에서 언급한 역할들이 XP 팀에 기여할 수 있다고 말할 때, 나는 한 사람당 한 역할이라는 단순한 연결mapping이 있다는 의미를 담지는 않았다. 어떤 프로그래머가 조금은 아키텍트가 될 수도 있다. 어떤 사용자가 결국 제품 관리자로 성장할지도 모른다. 테크니컬 라이터가 테스트도 할 수 있다. 우리 목표는 추상적인 역할들에 사람을 채우는 것이 아니라, 팀 구성원 개개인이 자신이 할 수 있는 한껏 팀에 기여하는 것이다.

팀이 성숙해갈 때, 권위와 책임의 연결을 염두에 두어야 한다. 팀원 가운데 어느 누구라도 변화를 제안할 수 있지만, 제안자는 자신의 관여를 행동으로 뒷받침할 준비가 되어 있어야 한다.

11장

Extreme Programming Explained

제약 이론

소프트웨어 개발에서 개선의 기회를 찾으려면, 제일 먼저 어떤 문제가 개발 관련 문제인지 파악하는 것부터 시작해야 한다. XP는 마케팅, 판매, 관리와 관련된 문제들을 해결할 의도로 만들어지지 않았다. 그렇다고 비非소프트웨어 병목이 중요한 문제가 아니라는 뜻은 아니다. 단지 XP가 그렇게 광범위하게 적용될 수 없다는 뜻이다. 다른 분야에도 효율성을 극한까지 끌어올리는 방법이 있을지도 모르지만, 그것은 XP의 범위를 벗어난다. XP는 소프트웨어 개발에서 생기는 문제들을 다루기 위한 가치, 원칙, 실천방법들의 일관적인 집합체다. 우리는 소프트웨어 개발을 전체적으로 바라보는 방법이 필요하다.

'제약 이론Theory of Constraints'은 전체로서의 시스템 처리능력을 살펴보는 접근방법 가운데 하나다. 내가 그린 세탁실(그림 9)을 예로 들어 이 이론을

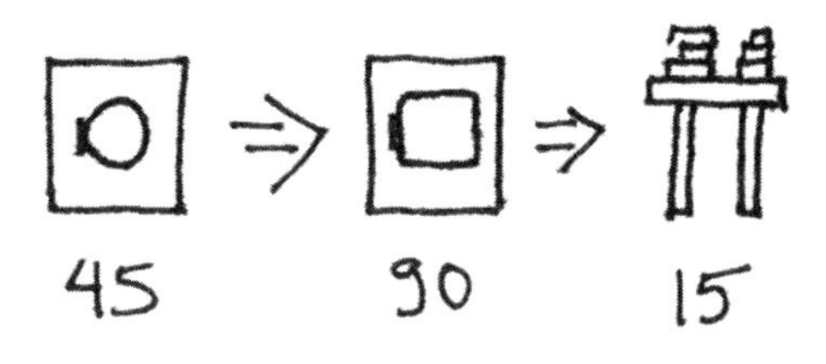

그림 9. 세탁 과정의 현재 상태

설명해 보겠다. 세탁기는 옷을 빠는 데 45분 걸리고, 탈수기는 옷을 탈수하는 데 90분 걸리며, 내가 옷을 개는 데는 15분이 걸린다.

이 시스템의 병목은 탈수 작업이다. 세탁기가 두 대여도 더 많은 옷을 세탁할 수 없다. 잠깐이나마 더 많은 옷을 세탁기에 넣을 수는 있지만, 그렇게 한다면 집 안 사방에 젖은 옷들을 너는 상황을 감수해야 하며, 아마 더 적은 옷만 세탁하는 것과 마찬가지 효과가 날 것이다. 만약 더 많은 옷을 세탁하고 싶다면, 탈수 작업을 어떻게든 바꾸는 일 외에는 방법이 없다.

제약 이론에 따르자면 시스템에는 한 시점에 제약 지점이 하나 (가끔은 두 개) 존재한다. 전체 시스템의 처리 능력을 키우려면 먼저 제약 지점을 찾은 다음, 그 지점이 확실히 현재 가능한 한 최대 속도로 가동하도록 한 다음에, 제약 지점의 성능을 향상시키거나, 그것의 작업량 중 일부를 다른 비非제약 지점으로 덜어주거나, 제약 지점을 완전히 제거할 방법을 찾아야 한다.

시스템에서 어떻게 제약 지점을 찾을 수 있을까? 작업들은 제약 지점 앞에 쌓이기 마련이다. 개이기를 기다리며 쌓인 마른 옷 더미는 없지만, 탈수되기를 기다리며 쌓인 젖은 옷 더미는 있다. 이것으로 탈수기가 제약 지점임을 알 수 있다. 탈수기를 확실히 최대 속도로 가동하기 위해, 나는 탈수 작업이 끝날 경우 짜증나는 소리를 내는 부저를 켠다. 부저 소리가 들리면, 나는 세탁물 뭉치들을 다음 단계로 옮긴다. 세탁기 부저는 켤 필요가 없다. 탈수기에서 세탁물 뭉치를 꺼내어 다음 단계로 옮길 때에만 세탁기에도 다른 세탁물 뭉치를 넣기 때문이다. 이 시스템에서 작업은 예상 요구량에 따라 푸시push 방식으로 밀어 넣지 않으며, 실제 요구량에 따라 풀pull 방식으로 끌려 다니게 된다.

더 많은 옷을 세탁해야 한다면, 탈수 단계의 성능을 키워야 한다. 더 큰 탈수기를 사거나 통풍구를 막히지 않게 잘 관리하는 것도 방법이다. 아니면 옷을 더 세게 돌려 탈수 시간을 줄여주는 새 세탁기를 사는 방법으로 탈수 작업의 부하를 덜어줄 수도 있다. 아니면 그림 10처럼 옷을 집 밖으로 널어 햇빛에 말려도 된다.

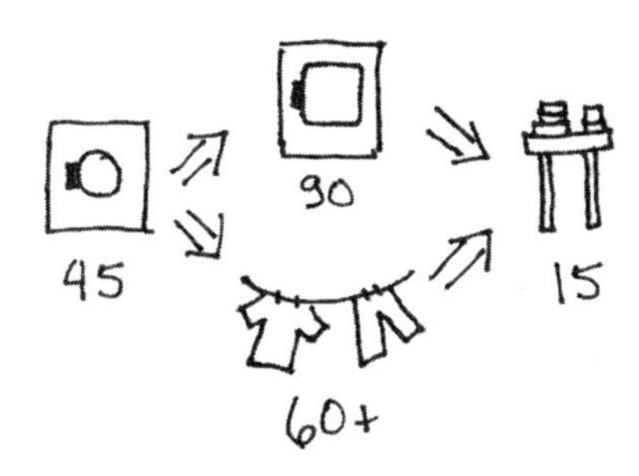

그림 10. 옷을 널어 말림으로써 처리능력을 증대하기

이제 제약은 세탁기나 옷 개는 탁자 두 쪽 중 하나로 옮겨가게 된다. 제약 이론에 따르면, 제약 지점은 사라질 수 없다. 그림 10처럼 옷을 바깥에서 말리는 경우 우리는 제약을 하나 제거하면서 다른 제약을 하나 만들게 된다. 미시적인 최적화는 결코 충분하지 않다. 시스템의 결과를 개선하려면 무엇을 변화시킬지 결정하기 전에 전체 상황을 살펴보아야 한다.

소프트웨어에서도, 시스템의 제약 지점을 찾아보아야 한다. 그림 11은 우리에게 친숙하지만 효율은 떨어지는 경우가 많은 폭포수 개발 방식이다.

각 단계에서 얼마나 시간이 걸리는지 알아낸다고 해도, 어디가 병목인지는 알 수 없다. 병목을 찾으려면 어디에 작업이 쌓이는지 보아야 한다. ERD[13]에 들어 있는 수많은 기능이 나중에 구현 단계에서 다른 할 일이 너무 많기 때문에 포기된다면, 나는 구현 절차를 제약 지점이라고 의심하겠다. 많은 기능이 구현되긴 했지만 통합되고 배치되기를 기다린다면, 나는 통합 프로세스가 제약이라고 의심하겠다.

통합이 제약 지점이라면, 일단 나는 정해진 입력 작업량과 환경에서 통합 프로세스가 최대한 원활하게 진행되도록 확실히 해둔다. 어쩌면 구현에서 사람을 빼내 통합으로 옮겨야 할지도 모른다. 나는 전에 프로그래머 스무

13) 역자 주: Entity Relationship Diagram, 개체 관계 다이어그램

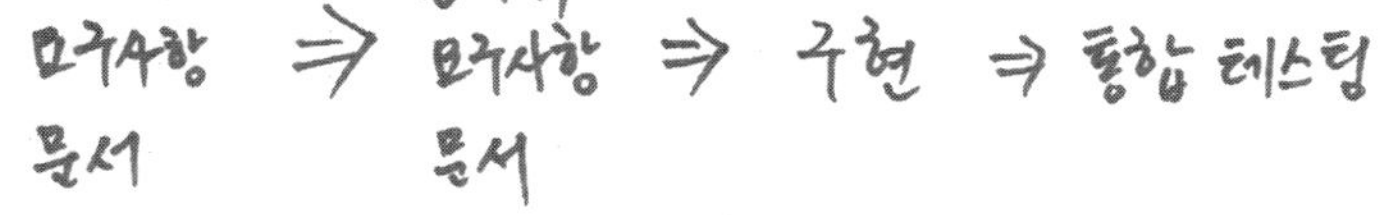

마케팅 요구사항 문서 ⇒ 공학적 요구사항 문서 ⇒ 구현 ⇒ 통합 테스팅

그림 11. 폭포수 프로세스

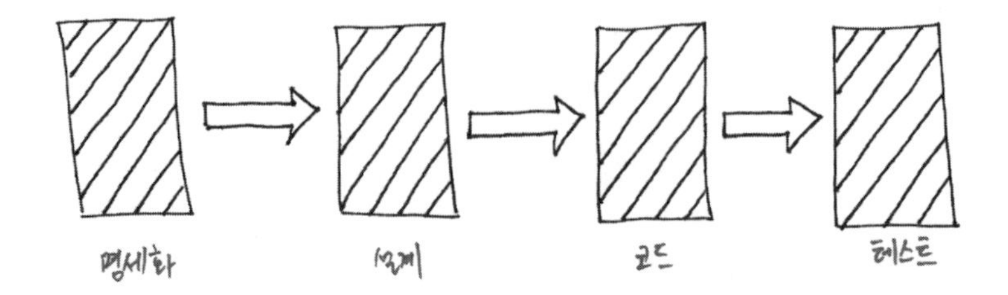

그림 12. 개발의 푸시push 모델

명의 결과물들을 배치 담당자 단 한 명이 맡아야 해서 그가 일에 짓눌리는 것을 본 적이 있다. 프로그래머 몇 명에게 배치 작업을 도와 달라고 하면 전체적인 처리 능력throughput을 늘리는 데 도움이 될 것이다.

일단 통합이 원활하게 진행되도록 만든 다음에는, 통합에서 할 일을 그 앞 단계들로 나누는 방법을 찾아본다. 구현 단계에서 테스트를 자동화하면 될지도 모른다. 그러면 구현의 작업 속도는 느려질지 몰라도, 시스템 전반의 처리 능력은 개선된다. (그러나 구현 속도 역시 더 빨라질 가능성이 높다. 하지만 이것은 다른 장에서 다룰 이야기다.)

앞서 언급한, 시스템에서는 풀pull 방식으로 일을 끌어오는 편이 낫다는 지적은 소프트웨어 개발에서도 마찬가지로 통한다. 개발의 '푸시' 모델(그림 12)은 처리할 요구사항들을 쌓고, 그 다음에는 구현할 설계들을 쌓고, 다음은 통합하고 테스트할 코드들을 쌓는 방식이다. 그렇게 해서 빅뱅 통합

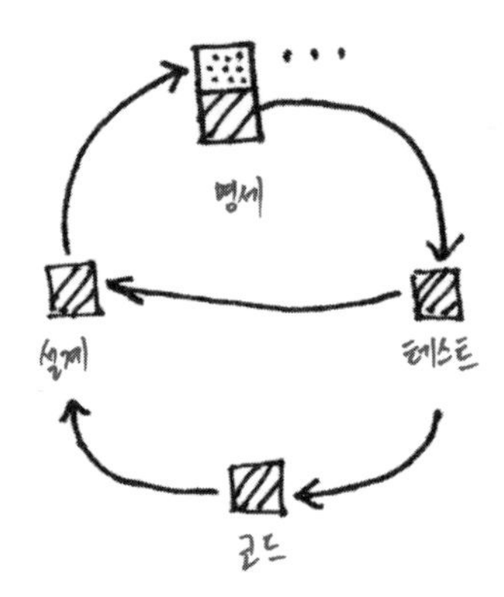

그림 13. 개발의 풀 모델

(정말 제대로 붙인 이름이다)이라는 절정에 이르게 된다. XP는 '풀pull' 모델을 사용한다(그림 13). 스토리들은 구현되기 바로 직전에 자세한 내용이 명시된다. 테스트들은 명세에서 끌어져 나온다. 프로그래밍 인터페이스는 테스트 작업의 필요need에 잘 맞도록 설계된다. 코드는 인터페이스와 테스트들에 잘 맞도록 작성된다. 설계는 코드를 작성하는 동안 코드의 필요에 잘 맞도록 다듬어진다. 이것은 어떤 스토리를 다음에 명세할지 결정을 내리는 것으로 이어진다. 이러는 동안, 남은 스토리들은 구현되도록 선택받기를 기다리며 벽에 남아 있다.

제약 이론은 다른 조직 변화 이론과 마찬가지로, 전체 조직의 초점은 미시적 최적화가 아니라 전반적인 처리 능력에 맞추어야 한다는 가정을 공유한다. 만약 모든 사람이 자기가 하는 기능은 제약이 아닌 것처럼 보이게 노력한다면, 어떤 변화도 일어날 수 없다. 만약 개발자가 "맞아요, 자동화된 테스트를 작성하는 것은 분명히 '참 좋은 일'이겠지만, 그걸 하면 내가 일하는 속도가 느려질 텐데 나는 지금도 업무가 밀려있단 말이에요."처럼 말한다면, 변화가 조직에 얼마나 큰 이익을 가져다주는지, 그에 따라서 개인에게도 얼마나 이익이 돌아가는지 상관없이 아무것도 변화시킬 수 없다. 변화가 뿌리내리려면 보상 체계와 조직 문화를 개인의 생산성 대신 전체적인 처리량에 맞출 필요가 있다.

제약이론의 약점은 그것이 모델이라는 점이다. 그것은 지도일 뿐이지 진짜 땅이 아니다. 소프트웨어는 사람이 개발한다. 사람들은 모델의 그림에 나오는 상자가 아니다. 표면적으로는 무질서하지만 실상 효율적인 의사소통을 하는 조직에 가까울수록, 그 조직을 제약 이론 모델에 집어넣어 보고 다시 그 모델을 현실에 가져와 적용할 때의 정확도는 떨어진다. 소프트웨어 개발은 공장이 아니라 인간적인 프로세스다. 하지만 제약 이론은 여러분 자신이 사용하는 프로세스를 의식하게 해줄 좋은 방법이다. 현재 프로세스를 여러 활동이 서로 ! 연결된 그림으로 그려보고 어디에 작업이 쌓이는지 찾아보라.

제약 이론은 병목을 찾는 일에 유용하다. 하지만 병목 지점이 소프트웨어와 관련 없는 곳이라면 어떻게 해야 할까? 내 의뢰인 가운데 한 명은 비행기에 소프트웨어를 배치하는 일을 하는데, 그 소프트웨어는 안전이 매우 중요한 정도는 아니다non-safety-critical. 그가 첫 번째 파트너와 일할 때에는 개발이 완료된 소프트웨어를 비행기에 배치할 때까지의 기한이 4달 걸리기도 했는데, 그 까닭은 비행기가 점검을 받으러 들어올 때에만 소프트웨어를 설치했기 때문이다. 내 의뢰인은 새 소프트웨어를 매일 배치할 수 있는 기반 구조를 갖춘 두 번째 파트너를 고름으로써, 이 제약을 제거할 수 있었다(그리고 제약 지점을 마케팅 쪽으로 옮길 수 있었다). 병목이 소프트웨어 개발 외부에 존재한다면, 해답도 소프트웨어 개발 외부에서 찾아야 한다.

나는 XP의 범위를 비즈니스 파트너 고르기 등의 문제까지 포함하도록 확장하고 싶은 유혹을 가끔 받는다. 어떤 때에는 XP가 넓은 문제 범위를 포괄하지 않으면, 사람들이 그다지 XP를 중요하게 여기지 않을 것이라는 걱정이 들기도 한다. 그러나 머리가 더 맑을 때에는, 나는 XP의 범위가 좁고 명료할 때 XP의 가치가 비즈니스에 더 분명하게 드러나리라고 믿는다.

어떤 경우에는 XP가 제약을 소프트웨어 개발 영역의 바깥으로 완전히 밀어내는 일을 용이하게facilitate 할 수도 있다. 그러면 XP는 그것을 적용하는 조직 전체에 파문을 일으킨다. 예를 들어, 여러분이 '매주 회의'를 시작했다고 해보자. 그러면 (제품 관리자와 고객처럼) 팀에서 비즈니스 쪽에 더 관련된 쪽이 이번 주에 추가할 기능을 매주 고르게 된다. 프로그래머들이 XP에 숙달되어서 제품 마케팅 쪽에서 기능들을 충분히 빠르게 명시하지 못할 정도로 빠르게 일을 진행할 수 있게 되면, 제약 지점은 소프트웨어 개발 영역의 바깥으로 밀려난다.

여기 슬프지만 자주 반복되는 이야기가 있다. 개발 팀이 XP를 적용하기 시작해서, 품질과 생산성이 극적으로 개선된다. 그런데 팀이 해체되고 팀장은 해고되고 나머지 팀원은 흩어진다. 왜 이런 일이 생길까? 제약 이론의 관점에서 보면, 팀의 성과가 개선되면 제약 지점이 조직의 다른 곳으로 옮겨간다. 새로운 제약 지점(예를 들어, 자기들이 무엇을 원하는지 충분히 빠르게 결정할 수 없는 마케팅부)은 자기들에게 시선이 쏠리는 것을 좋아하지 않는다. 사실 조직 전체의 처리능력을 걱정하는 직원은 아무도 없다. 결국 소란의 '근원'인 XP가 비난의 표적이 되어 제거된다.

XP를 적용할 때에는 임원의 후원을 받고 팀 바깥 사람들과 튼튼한 관계를 맺는 것이 핵심적인데, 그 까닭은 바로 XP를 적용하여 소프트웨어 개발이 자기들의 행동을 개선하는 순간 조직 나머지 부분의 업무 구조도 바뀌기 때문이다. 만약 임원의 후원을 받지 않는다면, 인정이나 보호 없이 혼자서라도 일을 더 잘하겠다고 각오하라.

12장

Extreme Programming Explained

계획 짜기: 범위를 관리하기

공유된 계획의 상태를 보면 그것에서 영향 받는 사람들 사이의 관계가 어떤 상태인지 짐작할 수 있다. 현실과 동떨어진 계획은 사람들 사이의 관계가 불명확하고 균형 잡히지 않았다는 사실을 드러낸다. 상호 동의된 계획이면서 현실의 변화를 반영할 필요가 있을 때 조정되기도 하는 계획은, 서로 존중하며 상호 간에 가치가 있는 인간관계를 나타낸다.

계획을 짜면 목표와 방향이 명료하고 잘 드러난다. XP의 계획 짜기는 현재 있는 목표, 가정, 사실을 분명히 드러내는 일부터 시작된다. 명시적인 현재 정보가 있다면 무엇을 범위에 넣을지, 무엇을 범위에서 뺄지, 다음에 할 일은 무엇인지 서로 동의를 끌어내는 작업을 할 수 있다.

XP의 계획 짜기는 장보기와 비슷하다. 여러분이 10만원을 들고 장 보러 갔다고 상상해 보자. 선반에 놓인 상품에 가격표가 붙어 있다. 몇몇은 필요한 상품이고, 다른 것들은 그렇지 않다. 그리고 어떤 것들은 사고 싶어도 그걸 사면 예산을 초과하게 된다. 계산대에 가보았더니 합계가 10만 천 원이라면, 몇 개는 다시 제자리로 가져다 놓아야 할 것이다. 장 보는 동안 여러분의 임무는 10만원을 현명하게 사용해서 꼭 필요한 것은 다 사면서 사고 싶은 것도 되도록 많이 사는 것이다.

XP에서는 스토리들이 장을 볼 상품이다. 스토리에 달린 추정치는 그 상품의 가격이다. 그리고 사용할 수 있는 시간이 여러분의 예산이다. 예상 배치 날짜는 보통 프로젝트 초기에 정해지므로, 여러분은 얼마나 많은 시간을 스토리들에 사용할 수 있는지 알고 있다. 정해진 시간이 200짝-시간pair-hour인데 여러분 장바구니에 든 스토리들의 총합은 400짝-시간이라면, 가장 가치 있는 스토리들을 골라 200짝-시간을 맞추어야 한다. 그렇게 하지 않으면, 여러분이 장바구니에 살 수 있는 것보다 많은 것을 넣었다는 사실을 모든 사람이 알게 된다.

우리가 할 수 있는 수많은 일 가운데 다음에 할 일이 무엇인지 결정하는 것도 계획 짜기의 일부다. 계획 짜기가 복잡한 까닭은 스토리의 비용과 가치가 불확실하기 때문이다. 여러분이 결정을 내린 시점에서 근거로 삼은 정보들은 변한다. 우리는 추정치를 개선하기 위해 피드백을 이용하며, 가장 좋은 정보를 근거로 결정을 내릴 수 있도록 결정 시기를 최대한 늦춘다. 이것이 XP에서 계획 짜기를 매일, 매주, 매분기 해야 하는 이유다. 새로운 사실이 튀어나올 때마다 그에 맞도록 계획을 변경할 수 있다.

계획은 미래의 예측이 아니다. 이것은 기껏해야 내일 무슨 일이 일어날지에 대해 여러분이 현재 아는 모든 것을 표현해 놓은 것일 뿐이다. 불확실성 때문에 계획의 가치가 깎이지는 않는다. 계획은 다른 팀들과 보조를 맞추는 데 도움이 된다. 그리고 일을 시작할 지점을 알려준다. 또 팀원 모두 팀의 목표를 지향하는 선택을 내리도록 돕는다.

소프트웨어 엔지니어로 일하던 젊은 시절에 나는 프로젝트 관리의 세 가지 변수를 배웠다. 속도, 품질, 가격이 그것이다. 프로젝트 후원자가 세 변수 가운데 두 개를 고정한 다음, 팀이 세 번째 변수를 추정한다. 그렇게 만들어진 계획이 만족스럽지 못하다면, 협상이 시작된다.

이 모델은 실전에서는 그다지 잘 되지 않는다. 시간과 비용은 대개 프로젝트 외부에서 설정된다. 그렇다면 여러분이 좌우할 수 있는 변수는 품질뿐이다. 그러나 제품의 품질을 낮춘다고 해야 할 일이 줄어들지는 않는다. 품질을 낮추는 것은 단지 해야 할 일을 뒤로 미루어 프로젝트의 지연이 여러분의 분명한 책임이 되지 않도록 만드는 것일 뿐이다. 이런 식으로 프로젝트가 진전한다는 환상을 만들 수 있을지 몰라도, 만족의 감소와 손상된 관계라는 대가를 치러야 한다. 만족은 좋은 품질의 제품을 만들 때 찾아온다.

이 모델에는 범위라는 변수가 언급되지 않았다. 만약 범위 역시 명시적 변수로 만든다면,

- 안전하게 적응시킬 길이 생긴다.
- 협상할 방법이 생긴다.
- 말도 안 되고 쓸모도 없는 요구를 제한할 수 있다.

계획의 시간 단위가 어떻게 되든 다음 네 단계를 통해 계획을 짜라.

1. 해야 할 일을 목록으로 작성한다.
2. 각 항목의 작업 시간을 추정한다.
3. 지금 계획 중인 주기를 위한 예산을 세운다.
4. 해야 할 일들을 예산 내 범위에서 합의한다. 협상할 때, 추정치나 예산을 변경하면 안 된다.

모든 팀 구성원의 목소리를 들어보아야 한다. 계획을 짜는 대화의 장에서 팀은 사람들이 무엇을 바라는지 경청하되, 실제 일은 정말 필요한 것들만 하기로 약속한다.

앞서 말한 계획의 네 단계 절차는, 만족시키고 싶은 테스트 케이스들과 개선하고 싶은 설계를 놓고 서너 시간 짝 프로그래밍을 계획하는 두 프로그래머의 차원에서도 효과가 있다. 그리고 하루의 할 일을 계획하는 팀의 차원에서도 효과가 있다. 또한 일주일 또는 한 분기의 계획짜기와 같은 목록의 해야 할 일들이 스토리가 되고, 추정은 더 공식적이고, 계획 짜는 데 걸

리는 시간이 몇 시간 또는 며칠이 되기도 하는 좀 더 공식적인 차원에서도 효과적이다.

계획 짜기는 모두 함께 해야 하는 일이다. 계획에는 협동이 필요하다. 계획 짜기는 듣기, 말하기, 지정된 기간에 여러 목표를 정렬하기 등을 단련할 기회다. 이것은 팀 구성원 각각에게 귀중한 경험이다. 계획이 없다면 우리는 되는 대로 인맥과 효율성만 지니는 개인들일 뿐이다. 계획을 짜고 조화롭게 일할 때, 우리는 팀이 된다.

계획을 짤 때는 팀에 속한 모든 사람이 참여해야 한다. 몇몇 XP 팀에서는 팀에 들어 있는 고객들끼리만 따로 만나서 다음 주 예산을 놓고 싸우게 한다. 이것은 단지 프로그래머들이 과잉 약속을 할 충동을 느끼지 않도록 프로그래머들로부터 제로섬 게임을 다른 곳으로 옮긴 것에 지나지 않는다. 이렇게 하면 상호 이익을 얻을 기회가 사라진다. 전체 팀이 함께 한다면 겉으로는 나뉘어 있는듯 보이는 고객의 필요를 만족시킬 방식을 찾을 수도 있다. 팀이 관련된 문제나 필요를 전부 알지 못하면, 사업적 선택이든 기술적 선택이든 좋은 선택을 할 수 없다.

다음에 어떤 스토리를 구현할지 선택할 때에는, 스토리들을 여러 방식으로 정렬해라. 스토리들을 공간적으로 배열해보는 행동은 스토리들 사이의 관계에 새로운 통찰을 제공하며 스토리 선택 과정을 매끄럽게 만들어준다. 위험한 스토리는 왼쪽에 놓고 귀중한 스토리들은 위쪽으로 놓아 보아도 된다. 성능 개선 스토리들은 탁자의 한쪽 모서리에 놓고 새로운 기능 스토리들은 다른 모서리에 놓아 보아도 된다. 계획을 짜다 막힐 경우, 나는 탁자에서 모든 스토리를 그러모아서 섞은 다음, 다시 처음부터 새롭게 놓는다.

어떤 스토리를 추정하려면, 그와 유사한 스토리들에 대해 여러분이 아는 모든 것을 고려해서, 그 스토리를 완료하는 데 한 짝이 몇 시간 또는 며칠이나 걸릴지 상상해 보아라. '완료'란 테스트, 구현, 리팩터링, 사용자와의 토의까지 다 포함해서, 배치할 준비가 모두 끝나는 것을 의미한다. 유사한 스토리들에 대한 지식이 늘어날수록, 추정치 역시 개선될 것이다. 추정은 그 스토리를 적당한 수준의resonable 짝이 작업한다는 가정에 기반한다. 어떤 짝은 더 잘하고 어떤 짝은 더 못하기 마련이지만 모든 사람이 한 번씩은 돌아가면서 추정을 내린다면, 결국 평균값이 나올 것이다.

처음에는 추정치들이 크게 빗나가기 십상이다. 경험에 기반을 둔 추정들은 정확도가 더 높다. 추정을 개선하려면 최대한 빨리 피드백을 받는 것이 중요하다. 어떤 프로젝트를 상세히 계획하도록 한 달이 생기면, 그 기간에 일주일짜리 반복iteration을 네 번 진행하고 그 동안 추정을 개선하면서 개발해 나가라. 어떤 프로젝트를 계획할 시간이 일주일이라면, 하루짜리 반복을 다섯 번 하라. 피드백의 순환은 추정을 정확히 내리게 해주는 정보와 경험을 여러분에게 준다. 추정치가 개선될 수 있도록 최대한 빨리 경험을 얻어라.

이렇게 하면 항목(스토리들)과 비용(추정치)을 알 수 있다. 예산(일을 마칠 때까지 걸리는 시간과 팀 크기)은 어떻게 잡아야 할까? 평균적인 주에 생산적인 프로그래머-시간programmer hours을 얼마나 많이 잡을 수 있는지 측정해 보고, 짝 프로그래밍을 고려해 그 시간을 2로 나눈다. 프로그래머가 여섯 있고 한 명당 하루에 네 시간 프로그래밍할 수 있다면 일주일에 12 짝-시간pair-hours을 갖고 계획을 짜야 할 것이다. 짝 프로그래밍을 반대하는 이유 가운데 하나는 짝 프로그래밍이 실질 프로그래밍 시간을 절반으로 깎는다는 것이다. 내 경험에 따르면, 짝을 지으면 두 배 이상 생산적이 된다. 혼자 했을 때와 짝 지어 했을 때를 비교해 보면, 작업을 완료하는 데 필요한 실제 시간(디버깅 시간도 포함해서)은 혼자 했을 때가 두 배 이상 걸렸다. 따라서 짝 프로그래밍을 하면 깔끔하고 완성된 코드를 사실상 더 일찍 들고 나올 수 있다. 짝의 가치와 개인의 가치를 비교할 때에는, 실제로 배치될 만한 코드를 만드는 경우의 생산성과 소요 시간을 둘 다 포함해야 한다. 가치 있는 소프트웨어 개발의 목표는 정해진 시간 안에 정해진 예산으로 제품을 제공하는 것이다. 계획에 들어 있는 수치들은 중요하지만, 오직 이 목표 달성을 돕는 범위 내에서만 그렇다. 계획을 짤 때, 여러분은 관련된 수치들을 모두 계산에 포함시켜야 한다.

14) 역자 주: 일의 크기를 가늠하는 상대적인 단위. 절대적 기준이 없고 이 일이 저 일보다 얼마나 큰지 혹은 작은지로 대강의 점수를 정한다. 자세한 내용은 『사용자 스토리』(인사이트, 2006) 참조.

이 책의 초판에는 스토리들에 일, 이, 삼 '점'[14]짜리 비용을 매기는 더 추상적인 추정 모델이 실려 있었다. 큰 스토리들은 계획으로 짜여지기 전에 먼저 쪼개져야 했다. 스토리들을 구현하기 시작하면, 일주일에 보통 몇 점이나 성취할 수 있는지 금방 깨달을 수 있었다. 하지만 나는 이제 진짜 일하는 시간을 추정치로 사용하는 편을 선호하는데, 이쪽이 모든 의사소통을 최대한 명료하고 직접적이고 투명하게 만들기 때문이다.

하루에 할 수 있는 일의 분량에는 한도가 있다. 이 진짜 한도에 주의를 기울여야 계획도 효과적으로 짜고 제품도 성공적으로 전달할 수 있다. 프로그래머들에게 성취량을 지금의 갑절로 늘이라고 말하는 것은 효과가 없다. 물론 프로그래머들이 기술과 효율성을 높일 수야 있지만, 요구에 따라 즉시 더 많은 일을 할 수는 없다. 창조적인 일에서는 책상에 붙어 보내는 시간의 증가가 곧 생산성 증가를 뜻하지 않는다.

시간이든 점수든 어떤 단위를 사용하더라도, 실제 결과가 계획과 어긋나는 상황에 대처해야 하는 경우가 생길 것이다. 실제 시간 단위로 추정한다면, 아직 완료되지 않은 스토리들의 추정치를 경험에 비추어 수정한다. 점수로 추정한다면, 다음 주기부터는 예산을 변경한다. 이렇게 하기 위한 간단한 방법은, 마틴 파울러Martin Fowler가 '어제의 날씨yesterday's weather'라는 이름을 붙인 방법인데, 어떤 주에 할 일의 양을 정확히 지난주에 성취한 일의 양만큼 하기로 계획을 짜는 것이다. 그리고 새로 들어오는 정보들에 대한 확신이 들면 곧 계획을 조정한다.

어떤 때에는 주기 중간에서 계획보다 진도가 늦은 상황에 처하기도 한다. 그렇다면 계획과 다시 진도를 맞출 방법을 찾아본다. 덜 중요한 문제들에 정신이 팔렸는가? 여러분에게 도움이 되는 실천방법을 느슨하게 실천하였는가? 프로세스를 어떻게 바꾸어도 계획과 현실 사이의 균형을 회복할 수 없을 것 같다면, 고객에게 먼저 완료되는 것을 보고 싶은 스토리들을 고르라고 요청한다. 다른 모든 것은 차치하고 그것들부터 작업한다. 계획을 다시 짜는데 소요되는 이런 시간은 팀이 배치 날짜를 향해 작업해 가면서 증가되는 조화와 효율성을 통해 더 큰 보상으로 돌아온다. 조정 없이 일한다면, 거짓말을 하면서 일하는 것이다. 모든 사람이 이 사실을 알지만, 자신을 보호하기 위해 그것을 숨기게 된다. 이것은 절대 좋은 소프트웨어를 완성하고 배치하는 방법이 아니며, 팀과 개인의 자신감 역시 낮아지게 된다.

일이 잘 풀리지 않을 때야말로 우리의 가치와 원칙을 고수하고, 우리의 실천방법들이 최대한 효율적으로 되도록 수정할 필요가 절실하다. 빗나간 추정은 정보 때문에 생긴 실패지, 가치나 원칙 때문에 생긴 실패가 아니다. 수치가 잘못되었다면, 수치를 고치고 그 결과에 대해 의사소통하라.

스토리들을 인덱스카드에 쓴 다음 눈에 잘 띄는 벽에다 카드들을 붙여놓는다. 이 단계를 건너뛰고 바로 스토리의 전산화 버전으로 가는 팀들이 많은데 그래서 잘 되는 경우를 나는 본 적이 없다. 컴퓨터에 들어 있다고 스토리들을 더 믿는 사람은 아무도 없다. 스토리들을 둘러싸고 생기는 상호작용이 스토리를 가치 있게 만드는 것이다. 카드는 도구일 뿐이다. 상호작용과 목표들 간의 조화, 스토리들에 대한 공유된 믿음이 가치 있는 부분이다. 인간관계는 자동화할 수 없다. 우리 목표는 모든 사람이 믿고 그것을 달성하기 위해 일하는 계획을 만드는 것이다.

프로젝트에는 힘의 균형이 존재한다. 일이 완료되는 것이 필요한 사람이 있고 일을 잘 하는 사람이 있다. 믿을 만한 계획을 짜기 위해서는 이들의 정보가 모두 꼭 필요하다. 벽에 붙여 놓은 카드는 투명성을 실천하고 팀 구성원 각각의 입력에 가치를 두고 존중하는 한 방법이다.

프로젝트 관리자는 조직의 다른 부분에서 다른 형식을 원한다면 어떤 형식으로든 이 카드들을 변환하는 작업을 해야 한다. 다른 사람들에게 벽에 써있는 것을 읽는 법을 가르쳐주어도 된다. 우리는 아무것도 숨기지 않는다. 이것이 우리의 계획, 즉 공개되어 있고 누구나 접근할 수 있는 계획, 가장 가치 있는 소프트웨어 개발에 기여하는 그런 종류의 인간관계를 반영하는 계획이다.

13장

Extreme Programming Explained

테스트: 일찍, 자주, 자동화

결함은 효율적인 소프트웨어 개발에 필요한 신뢰를 파괴한다. 고객은 소프트웨어를 신뢰할 수 있어야 한다. 관리자는 진행 상황 보고서를 믿을 수 있어야 한다. 프로그래머는 서로 신뢰할 수 있어야 한다. 결함은 이런 신뢰를 깨뜨린다. 신뢰가 없다면, 사람들은 다른 누군가가 잘못했을 가능성에서 자신을 보호하느라 많은 시간을 소모하게 된다.

하지만 모든 결함을 제거하는 일은 불가능하다. 평균 실패 간격mean time between failures, MTBF을 한 달에서 일 년으로 늘리려면 엄청난 비용이 든다. 그리고 그 간격을 우주왕복선에 탑재되는 코드에 필요한 것처럼 한 세기로 늘리려면 천문학적인 비용이 든다.

여기에 소프트웨어 개발의 딜레마가 있다. 결함은 비용이 많이 들지만, 그것을 제거하는 일에도 비용이 많이 든다. 하지만, 대부분의 결함은 그것을 막기 위해 들어갈 비용보다 더 비용이 들기 마련이다. 결함이 발생하면 비용이 많이 들어가는데, 고치는 데 드는 직접비용과 손상된 관계, 잃어버린 사업 기회, 잃어버린 개발 시간 때문에 드는 간접비용이 둘 다 들어간다. XP 실천방법들은 명료한 의사소통에 목표를 둔다. 그렇게 해서 애초에 결함이 발생하지 않도록 하고, 설사 발생하더라도 그 팀이 결함을 이용해서 미래에 유사한 문제를 피하는 방법을 학습하도록 한다.

결함은 언제나 존재할 것이다. 예상하지 못한 상황은 발생하기 마련이다. 새롭고 예견하지 못한 상황에서 소프트웨어는 작성한 사람이 그런 상황이 오리라는 사실을 미리 알았더라면 의도하지 않았을 행동을 할 가능성이 높다.

받아들일 수 있는 결함 수준은 다양하다. 개발의 목표 가운데 하나는 결함의 발생을 경제적으로 감내할 수 있는 수준까지 낮추는 것이다. 이 수준은 소프트웨어의 종류에 따라 다르다. 세상에서 가장 큰 웹 사이트에서 에러가 일 초에 백 개씩 발생한다고 해도 그 사이트는 경제적으로 생존할 수 있는데, 그 까닭은 페이지들 가운데 99.99%는 제대로 화면에 보이기 때문이다. 그 웹 사이트의 사용자 경험은 안정적이다. 반면, 우주왕복선이 생존하려면 소프트웨어 관련 실패를 한 세기당 하나 이하로 제한해야 할 것이다.

개발의 다른 목표는 팀에 대한 신뢰가 합리적으로 자라날 수 있는 수준까지 결함의 발생을 줄이는 것이다. 결함 감소에 대한 투자는 팀워크에 대한 투자와 마찬가지로 의미가 있다. 한 프로그래머가 저지른 실수가 모든 사람이 자기 일을 하는 것을 힘들게 만든다. 한 팀원이 저지른 실수가 다른 사람에게도 영향을 미쳐 팀의 시간, 에너지, 신뢰를 깎아먹는다. 좋은 작업과 좋은 팀워크는 사기와 자신감을 키운다. 여러분이 동료를 존경하고 신뢰할 수 있다면, 여러분의 생산성도 높아지고 일도 더 즐기게 될 것이다. 자신을 보호하려고 에러를 숨기는 것은, 가끔은 필요한 일처럼 보이긴 해도, 시간과 에너지를 엄청나게 낭비한다. 신뢰는 참여자들에게 활기를 불어넣는다. 우리는 일이 순조롭게 진행될 경우 기분이 좋아진다. 실험도 하고 실수도 해보려면 안전해야 한다. 우리의 실험에 책임을 불어넣어서 우리가 아무런 해도 끼치고 있지 않는지 확신할 수 있으려면, 테스트가 필요하다.

최근까지, 대부분의 팀은 결함을 끼고 사는 편을 택했다. 실질적으로 결함이 없는 코드, 곧 결함이 한 달 또는 일 년에 한 번 발견되는 코드는 있을 수 없다고 생각하였다. 결함 비율을 절반으로 줄이는 것조차 돈과 일정 모두에 있어 비용이 너무 많이 든다고 생각했다. 짝 프로그래밍 같이 XP의 여러 사회적 실천방법은 결함의 수를 줄이는 경향이 있다. XP에서 테스팅은 결함 문제에 직접 대응하는 기술적 활동이다. XP는 테스트의 비용 효율을 높이기 위해 두 가지 원칙을 적용한다. 재확인double-checking과 '결함 비용 증가Defect Cost Increase, DCI'가 그 두 원칙이다.

한 줄에 놓인 숫자들을 더할 때 한 가지 방법만 사용해서 합산한다면, 그 총합을 틀리게 만들 수 있는 잘못은 여러 가지다. 그러나 숫자를 두 가지 방법, 예를 들어 하나는 위쪽에서 더해 내려오고 다른 하나는 아래쪽에서 더해 올라가는 것 같은 방법으로 합산해서 두 방법에서 같은 답이 나온다면, 그 답이 정답일 가능성이 매우 높다. 정확히 같은 숫자를 결과로 내놓는 잘못을 두 번 저지를 확률은 매우 낮기 때문이다.

소프트웨어 테스트는 재확인이다. 우리는 테스트를 작성하면서 어떤 계산을 하고 싶은지 첫 번째로 표현한다. 그리고 그 계산을 구현하면서 상당히 다른 방식으로 다시 표현한다. 계산의 두 표현이 맞아떨어진다면, 이것은 코드와 테스트가 일치하는 경우이며, 코드가 올바를 가능성이 높다.

'결함 비용 증가DCI'는 테스트의 비용 효율을 높이기 위해 XP에 적용된 두 번째 원칙이다. DCI는 소프트웨어 개발 분야에서 경험으로 검증된, 몇 개 안 되는 진리 가운데 하나다. 그 내용은 결함을 일찍 찾을수록, 고치는 비용이 적게 든다는 것이다. 배치한 후 십 년이나 지나서 결함을 발견한다면, 원래 코드가 어떤 일을 하기로 했는지, 그때 내린 가정 가운데 어떤 것이 잘못되었는지, (일단 프로그램의 나머지 부분은 문제가 없다고 가정했을 때) 나머지를 건드리지 않으려면 무엇을 고쳐야 하는지 파악하기 위해 상당히 많은 과거 역사와 상황을 재구성해야 할 것이다. 반면 결함이 생긴지 일 분 만에 발견한다면 그것을 고치는 데 드는 비용은 매우 적을 것이다.

DCI에는, 피드백의 순환이 긴 소프트웨어 개발(그림 14)은 비용이 많이 들고 잔여 결함도 많으리라는 의미가 들어 있다. 결함을 발견하고 고치는 데 할당되는 예산에는 한계가 있다. 결함을 발견하고 고치는 비용이 더 들

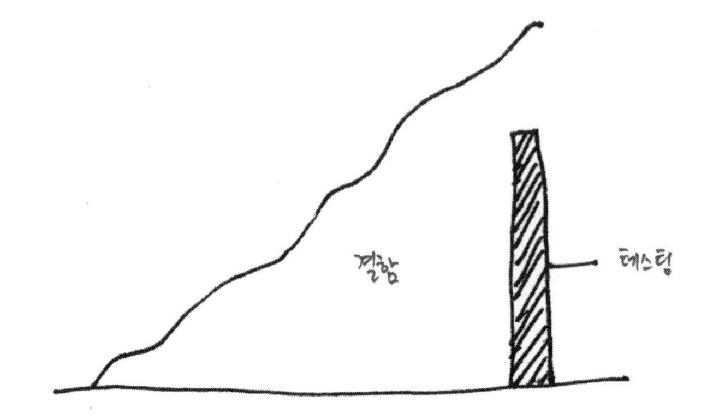

그림 14. 시기도 늦고 비용도 많이 드는 테스트는 많은 결함을 그대로 남겨둔다.

수록, 배치된 코드에 더 많은 결함이 남게 된다.

XP는 DCI를 거꾸로 이용해서 결함을 고치는 비용과, 배치된 제품의 결함 수를 줄인다. 자동화된 테스트를 프로그래밍의 내부 순환에 넣음으로써(그림 15), XP는 결함을 더 일찍 그리고 더 적은 비용으로 고치려고 시도한다. 이것은 XP 팀에게 동시대 기준으로 보면 매우 적은 결함만 지닌 소프트웨어를 적은 비용으로 개발할 기회를 준다.

더 빈번한 테스트에는 여러 가지 암시가 숨어 있다. 첫 번째는 잘못을 저지르는 바로 그 사람이 테스트도 작성해야 한다는 것이다. 결함을 만드는 시점과 발견하는 시점 사이의 간격이 몇 달이라면, 이 두 가지 행동을 다른 사람이 한다고 해도 전혀 문제 될 것이 없다. 하지만 간격이 불과 몇 분이라면, 결함을 만드는 사람과 발견하는 사람 둘이 각자의 예상들을 놓고 의사소통하는 비용은 프로그래머 한 명당 테스터가 한 명씩 붙는다고 해도 엄청나게 올라갈 것이다. 어느 시점이 되면, 프로그래머가 테스트도 작성하게 만들지 않는 한, 두 사람 사이의 조정 비용이 결함과 발견 사이의 시간 간격

그림 15. 빈번한 테스트는 비용과 결함의 수를 줄인다.

을 더 줄여서 얻을 수 있는 가치를 압도하게 된다.

프로그래머가 테스트도 작성한다 해도 시스템에 대한 또 다른 시각은 계속 필요하다. 프로그래머가 한 명이면 시스템의 기능에 대해 자기 관점 한 가지만 코드와 테스트에 반영하게 되어, 재확인의 가치 가운데 일부를 잃게 된다. 한 명이 아니라 한 짝일지라도 마찬가지다. 재확인은 전혀 다른 생각의 흐름이 동일한 결과를 내놓을 때 가장 제대로 된 것이다. 그래서 어떤 계산의 결과들을 복사해서 그것을 예상치로 삼는 것은 위험하다. 다른 시각을 얻기 위해서는 어떤 예제 결과를 직접 손으로 계산하는 편이 훨씬 좋다.

재확인의 이익을 전부 얻기 위해, XP에는 테스트 집합이 두 개 있다. 첫째 집합은 프로그래머의 시각에서 작성된 테스트들로 시스템의 구성요소들을 철저히 검사하며, 둘째 집합은 고객 또는 사용자의 시각에서 작성된 테스트들로 전체 시스템의 작동을 테스트한다. 두 테스트 집합은 서로를 재확인한다. 프로그래머의 테스트들이 완벽하다면, 고객 테스트들도 아무런 에러를 잡아내지 못할 것이다.

XP에서 테스트의 즉각성immediacy은 테스트가 반드시 자동화되어야 한다는 점을 역시 의미한다. 나는 수동 테스트 대 자동화된 테스트에 대한 열띤 논쟁을 읽어보았지만, XP에서는 논의의 여지가 없다. 시간이 지나면서 설계를 개선하고 개발 도구들을 맞춤화함으로써 팀은 모든 테스트가 자동화되는 지점까지 테스트 자동화의 비용을 낮추게 될 것이다. 자동화된 테스트는 스트레스 순환(그림 16)을 끊는다.

수동 테스트의 경우, 팀이 스트레스를 받을수록 팀원들이 코딩에서도 테스트에서도 더 많은 실수를 저지른다. 자동화된 테스트의 경우, 테스트를

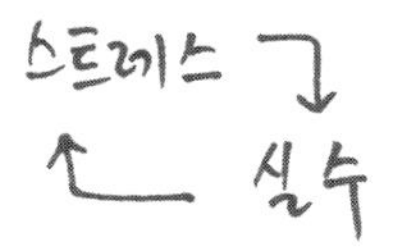

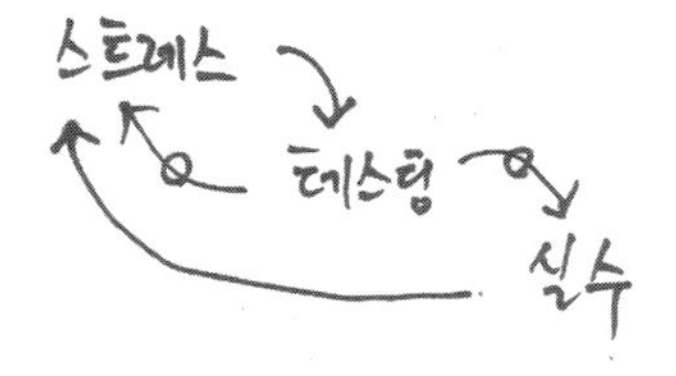

그림 16. 스트레스 순환

돌리는 행동 자체가 스트레스를 풀어준다. 팀이 더 스트레스를 받을수록, 테스트를 더 많이 돌린다. 테스트는 프로그래머의 눈을 피해가는 에러 숫자 또한 줄여준다.

베타 테스트는 테스트의 실천이 약했고, 고객과 의사소통이 나빴다는 증표다. 하지만 더 일찍 더 자주 테스트하는 습관으로 이주하는 중간 단계에서는 지금 쓰는 테스트 실천방법들을 제자리에 그대로 놓아두는 편이 현명하다. 팀의 목표는 개발 후 테스트post-development testing를 모두 없애고 테스트에 소요되는 자원을 개발의 생애에서 자원의 투입 효과가 더 좋은 부분으로 옮기는 것이다. 스트레스 테스트나 부하load 테스트처럼 개발이 '완료된' 다음에 결함을 찾아보는 테스트 형태가 있다면, 그것들을 개발 주기 안으로 끌어들인다. 부하 테스트와 스트레스 테스트도 꾸준히 그리고 자동화해서 돌린다.

정적 검증static verification 역시 유효한 재확인 형식인데, 결함들이 동적으로 재생산되기 어려운 경우 특히 그렇다. 정적 검사가 정말 가치 있으려면, 반드시 검사 속도가 빨라야 하고 개발 내부 순환의 일부가 되어야 한다. 정적 검사기들도 현재 점진적 컴파일러incremental compiler처럼 프로그램에 가해진 변화에 따라 몇 초 만에 피드백을 내놓아야 한다. 규모가 어느 정도 되는 프로그램을 정적으로 검사하려면 며칠이나 걸릴 수 있는 현재 상태에서도, 정적 검사에는 그것을 통해 프로그램의 동시성 속성에 대한 신뢰를 가질 수 있는 가치가 있다. 정적 검증 문장들도 다른 테스트들과 마찬가지로 프로그램에서 재확인의 필요가 보일 때에 한번에 조금씩만 작성한다.

DCI에 따르자면 테스트와 코딩 시점은 가까워야 하지만, 정확히 언제 테스트할지까지 알려주지는 않는다. 구현 후 테스트는 그것이 이치에 맞아 보인다는 장점이 있다. 물리적인 제품이라면, 분명 아직 만들어지지 않은 상태에서는 테스트가 불가능하지 않겠는가. 여기가 바로 '테스트' 뒤에 숨은 물리 세계의 메타포가 우리를 오도하는 지점이다. 소프트웨어는 가상 세계이기 때문에 '테스트'를 먼저 하나 나중에 하나 똑같이 이치에 맞는다. 어

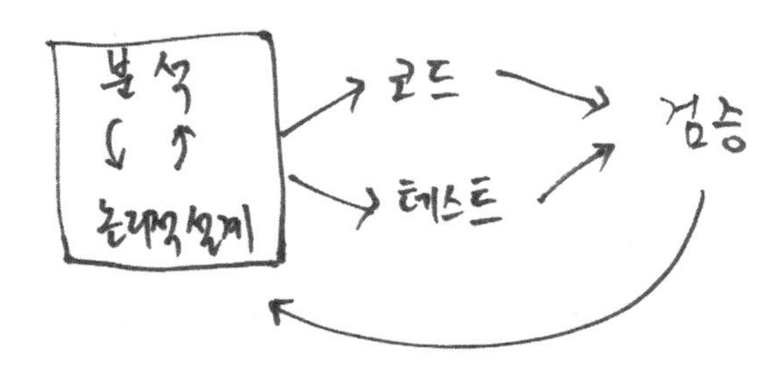

그림 17. 어떤 순서로 해도 상관없는 코드와 테스트

떤 틀에 맞는 코드를 작성해도 되고, 코드에 맞도록 틀을 작성해도 된다. 이익을 가장 많이 주는 쪽을 하면 된다. 결국 여러분은 둘을 합쳐서 서로 일치하는지를 보게 될 것이다(그림 17).

코드와 테스트들은 어떤 순서로 작성해도 상관없다. XP에서는 가능하다면 테스트를 구현보다 먼저 작성한다. 테스트를 먼저 작성하는 것에는 여러 가지 좋은 점이 있다. 소프트웨어 개발에서 전승되는 지혜의 가르침에 따르면, 인터페이스가 구현에 과도하게 영향을 받으면 안 된다. 테스트를 먼저 작성하는 것은 이런 분리를 이루는 구체적인 방법이다. 테스트는 확실성에 대한 인간적 욕구 역시 충족시킨다. 상상할 수 있는 실패 가능성들을 모두 시험하는 테스트들을 작성했는데 그 테스트들이 전부 통과한다면, 나는 내 코드가 올바르다고 확실히 믿을 수 있다. 미처 상상하지 못한 테스트들은 혹시 실패할지도 모르지만, 적어도 나는 테스트들을 통해 보인 대로 시스템이 실제로 어떤 일을 하는지 지적할 수는 있다.

테스트는 진전의 척도도 제공한다. 실패하는 테스트가 열 개 있는데 그 중 하나를 통과하게 만들었다면, 그 하나만큼은 일을 진전시킨 셈이다. 말이 나왔으니 하는 말인데, 나는 실패하는 테스트를 오직 한 번에 하나씩 다루려고 노력한다. 만약 내가 테스트 우선 프로그래밍을 한다면, 실패하는 테스트를 하나 작성한 다음 그것을 통과하게 만들고, 다시 다음 실패하는 테스트를 작성한다. 첫 번째 테스트를 통과하게 만들면서 생긴 경험이 종종 두 번째 테스트 작성에서 무엇을 어떻게 할지 알려준다. 만약 아직 검증되지 않은 가정을 바탕으로 테스트를 작성했다면, 가정이 잘못된 것으로 드러날 경우 테스트들을 전부 고쳐야 한다. 시스템 차원의 테스트들은 이번 주가 끝날쯤이면 전체 시스템이 돌아가리라는 확실한 느낌을 준다.

XP에서 테스트는 프로그래밍만큼 중요하다. 테스트의 작성과 실행은 팀 스스로 자랑스럽게 여길 작업을 할 기회를 준다. 테스트를 돌려보면 예상하지 못한 방향으로 팀이 빠른 속도로 움직일 때 팀에 자신감의 타당한 기반을 제공해 준다. 테스트는 팀 내부의 신뢰와 고객과의 신뢰를 강화함으로써 개발에 기여한다.

14장

Extreme Programming Explained

설계하기: 시간의 가치

점진적 설계incremental design는 고객에게 기능을 빨리 전달하고 프로젝트의 생애 내내 매주 계속 기능을 제공하기 위한 방법이다. XP는 설계의 점진성을 극한까지 밀어붙여, 설계가 매일 업무의 일부가 될 때 프로젝트가 더 순조롭게 진행되리라고 주장한다. 이 장에서는 우리가 점진적 설계를 포용해야 할 기술적, 경제적, 인간적 이유들을 살펴본다.

퍼머컬처permaculture는 균형 잡힌 생태계 속에서 지속 가능한 삶을 사는 철학과 실천방법이다. 퍼머컬처에서와 마찬가지로, 나는 설계란 상생 관계를 가진 요소들의 시스템이라고 생각한다. 이 정의의 단어마다 의미가 들어있다. '요소'란, 시스템을 오직 전체로만 이해해서는 시스템을 완전히 이해할 수 없다는 의미다. '관계를 가진'이란, 설계 안의 요소들이 홀로 있는 것이 아니며, 서로 관계를 맺음으로써 하나가 된다는 뜻이다. 이 관계들이, 설계를 여러 요소로 분해하는 것과 더불어, 설계자가 (좋은 결과를 낳든, 나쁜 결과를 낳든) 의식적으로 또는 무의식적으로 조작하는 대상이다. '상생'이란, 요소들이 맺는 관계가 요소들을 강화해서 홀로 있을 때보다 더욱 강력하게 만들며, 시스템도 요소들을 따로따로 살필 때 짐작할 수 있는 것 이상의 것이 되도록 만들어 준다는 뜻이다.

설계가 바로 소프트웨어를 그토록 가치 있게 만드는 것이다. 물리적 세계와 달리, 소프트웨어에서 우리는 전혀 비용을 들이지 않고 요소들을 끝없이 복제할 수 있다. 요소 사이에서 새롭고 더욱 유용한 관계를 만들었다면, 우리는 이 관계를 모든 기존 요소에게도 전파할 수 있다. 소프트웨어는 힘의 증폭이 큰 게임이다. 좋은 아이디어 하나가 몇 십억 원을 절약하고 수백억이 넘는 수입을 창출할 수 있다.

불행하게도, 소프트웨어 설계는 물리적 설계 활동에서 온 메타포들 때문에 족쇄가 채워져 있다. 50층짜리 마천루가 있을 경우, 그 위에 50층을 추가할 수는 없다. 이미 모든 공간을 세 놨기 때문이다. 큰 빌딩을 잭으로 들어 올리고 기반을 더욱 튼튼한 것으로 갈아 치울 방법은 없다.

하지만 그것과 비견할 만한 변환은 소프트웨어에서는 늘상 있는 일이다. 어떤 분산 시스템에서 처음에는 원격 프로시저 호출을 통신 기술로 사용한다고 해보자. 시스템에 대한 경험이 축적되면서, 팀은 CORBA로 이전하면 시스템이 얼마나 개선될 수 있는지 알게 된다. 1년 후 팀은 다시 CORBA를 메시지 큐로 교체한다. 이런 프로세스의 모든 단계에서 시스템은 계속 돌아간다. 이 프로세스의 모든 단계에서 팀은 다음 단계로 넘어갈 수 있는 경험을 쌓는다. 마치 처음에는 개집으로 시작해 부분들을 차츰 교환해서 결국 마천루까지 가는 것과 비슷하다. 그동안 그 구조물을 계속 점유한 채 말이다. 물리적 세계에서는 이것이 말도 안 되는 일이지만, 소프트웨어를 개발할 때에는 이것이 합리적이고 위험도도 낮은 방법이다.

물리적 세계에서는 각 단계의 비용이 너무 커서 점진적 설계를 유용하게 쓸 수 없다. 물리적 세계에서는 중간 단계의 가치가 너무 작거나, 변경에 드는 비용이 너무 많다(부분들은 부서지기도 할뿐더러, 다시 짓는 과정에서 부분들을 복제하는 데도 비용이 많이 든다). 하지만 스튜어트 브랜드Stewart Brand가 『How Buildings Learn』에서 기록한 대로, 물리적 구조물조차 점진적 설계와 건축을 거친다. 이것은 기존 구조물에 대한 경험이 다음 설계 단계에, 추측으로는 얻기 불가능한 정보를 주기 때문이다.

소프트웨어에서 점진적 설계가 가치 있는 이유 가운데 하나는 우리가 어떤 애플리케이션을 최초로 작성하는 경우가 많다는 것이다. 비록 현재의 애플리케이션이 동일 주제에 대해 무수히 많은 변주를 시도한 후에 나온 것이라 해도, 소프트웨어를 설계하는 데는 언제나 더 나은 방법이 존재한다. 설계가 미치는 영향은 증폭되는 성질이 있으며 설계 아이디어들도 경험이 쌓이면서 개선되기 때문에, 인내심은 소프트웨어 설계자가 지닐 수 있는 가장 가치 있는 기술 가운데 하나다. 딱 피드백을 얻을 정도만 설계하고, 얻은 피드백을 이용해서 그 다음 피드백을 얻을 정도까지만 설계를 개선하기 위해서는 좋은 솜씨가 필요하다.

건물 짓기는 소프트웨어에서 흔히 쓰는 메타포다. 예를 들어, 『Code Complete』[15]에서 스티브 맥코넬Steve McConnell은 소프트웨어 건축 메타포를 주장한다. 스미스 대학의 연극과 학생 베스 안드레스-벡Beth Andres-Beck은 이 메타포의 근본적인 결함을 지적했다. 그것은 건축 분야에서는 일의 진행 방향을 거꾸로 돌리기가 엄청나게 어렵다는 것이다. 어떤 날에는 말뚝과 그것을 잇는 줄을 옮기는 것만으로 돈을 들이지 않고 바닥 배치를 변경할 수 있다. 이틀 뒤 콘크리트를 부어 기반을 다진 후라면, 똑같이 변경하는 데 천만 원이 든다. 이런 비용의 비대칭성이 건축에서 각 활동 사이의 관계를 규정짓는다.

하지만 소프트웨어에서 하루 작업을 되돌리는 일은 별것 아니다. 기껏해야 그날 하루 작업만 손해 볼 뿐이다. 이런 근본적인 차이를 고려해 본다면, 건축에 적합한 활동 순서는 소프트웨어에는 적합하지 않다. 문제는 설계를 **하느냐 마느냐**가 아니라 언제 설계를 하느냐다.

맥코넬은 쓰기를, "10년 전부터 추세는 '모든 것을 설계하라'에서 '아무것도 설계하지 말라'로 바뀌었다. 하지만 초기 대형 설계Big Design Up Front, BDUF의 대안은 초기에 아무것도 설계하지 않기가 아니라, 초기에 조금 설계하기Little Design Up Front, LDUF 또는 초기에 충분히 설계하기Enough Design Up Front, ENUF다."라고 했다. 이 말은 허수아비의 오류straw man argument[16]를

15) 역자 주: 2005년 같은 제목으로 정보문화사에서 2판을 번역 발간했다.

16) 역자 주: 허수아비 공격의 오류라고도 함. 상대가 주장하지도 않은 것을 상대의 주장인 양 내세우고 반박하는 오류

범하고 있다. 구현하기 전 설계하기의 대안은 구현한 후 설계하기다. 어느 정도의 초기 설계가 필요하긴 하지만, 최초 구현을 시작할 수 있는 정도만 설계하면 된다. 그 이상의 설계는 구현이 자리를 잡고 설계의 진짜 제약들이 분명하게 보일 때 하도록 한다. '아무것도 설계하지 말라'와 정반대로, XP의 전략은 '언제나 설계하라'다.

다음 그래프들이 언제 설계해야 하는지 머릿속에 그려보는 데 도움이 될 것이다. 가로 물결선은 성공에 필요한 최소한의 설계 품질이다. 소프트웨어 설계에서 흥미로운 점은 소프트웨어가 성공하기에는 충분한 설계들이 대체로 많다는 것이다. 설계 품질이 성공을 보장하지는 않지만, 설계 실패는 분명히 실패를 보장한다.

각 그래프에는 점이 세 개 찍혀 있다. 첫째 점은 '직관으로' 설계할 때의 지점이고, 두 번째 점은 정말 열심히 생각해서 설계할 때의 지점이고, 마지막 점은 경험을 반영해 설계할 때의 지점이다. 세 점들의 관계와 최소 설계 경계선의 위치에 따라 '초기에 설계하기'가 여러분이 내릴 수 있는 선택 중 하나가 될 수 있는지, 아니면 점진적 설계를 하는 편이 더 좋을지가 결정된다.

그림 18은 직관에서 나오는 설계만으로도 충분한 상황을 보여주는 그래프다. 과거의 어떤 설계라도 충분하다. 그냥 가서 바로 설계하고 잘 만들면 된다. 그림 19는 언제 설계할까 문제가 그렇게 분명하지 않은 상황이다. 깊이 생각해서 꽤 좋은 답을 얻을 수 있지만, 경험을 쌓으면 더 좋은 답을 얻을 수 있다. 설계를 전혀 하지 않을 수는 없는데, 아무 생각 없는 설계는 분명히 실패를 낳기 때문이다. 지금 설계에 많은 노력을 들여야 할까, 아니면 경험이 조금 쌓일 때까지 기다려야 할까?

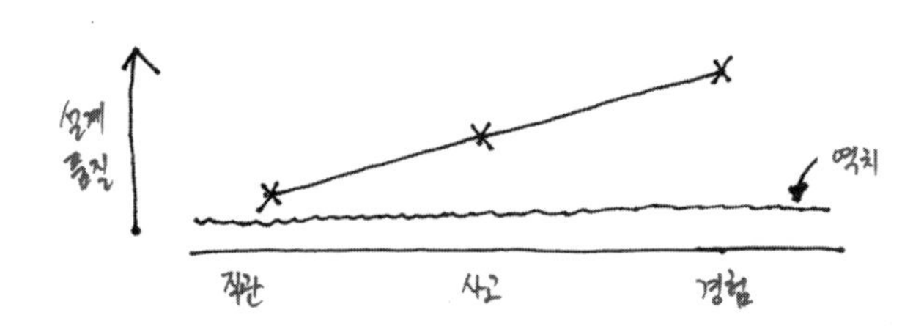

그림 18. 과거의 어떤 설계라도 충분하다

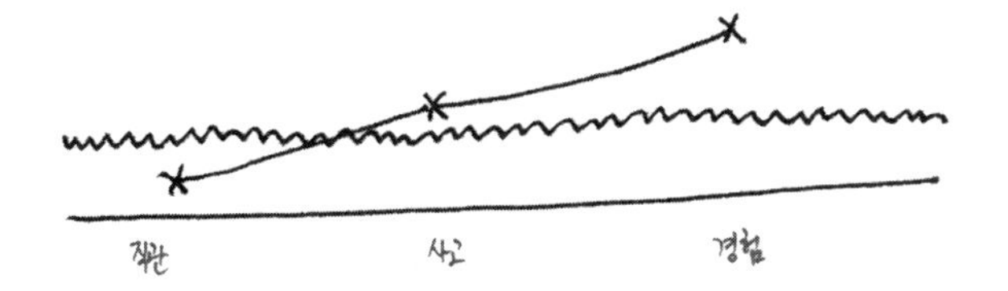

그림 19. 설계에 대한 생각이나 경험이 어느 정도 필요하다

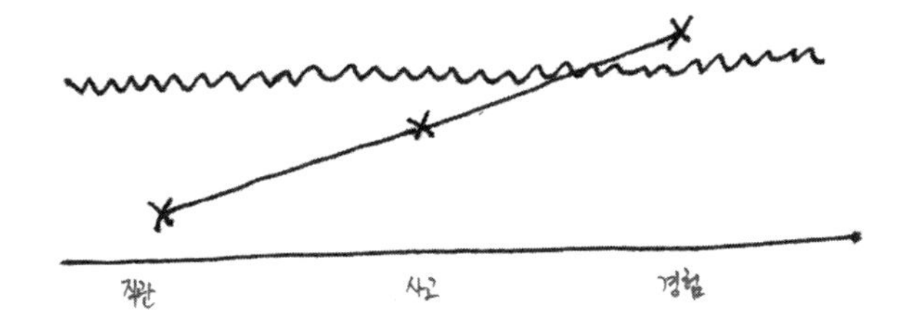

그림 20. 생각만 해서는 충분하지 못하다

그림 20은 점진적 설계를 피하기 힘든 경우다. 경험 없이는 아무리 많이 생각해도 충분히 좋은 설계를 낳을 수 없다. 오직 경험만이 충분히 좋은 설계를 만들 수 있을 정도로 문제에 대한 충분한 이해를 낳는다.

언제 설계할지 결정할 때 고려할 요소 가운데 하나는 전략마다 제각각 얼마나 가치를 창출할 수 있는가다. 만약 피드백을 받지 않고 순전히 생각만 해서 설계해도 대부분의 가치를 창출할 수 있다면(그림 21), 더 일찍 설계하는 편이 합리적이다. 경험이 대부분의 가치를 창출한다면(그림 22), 오늘은 시작하기 충분할 정도로만 설계한 다음 대부분의 설계는 경험에 비추어 하는 편이 더 합리적이다.

언제 설계할지 결정할 때 고려할 또 다른 요소는 비용이다. 일찍 설계한

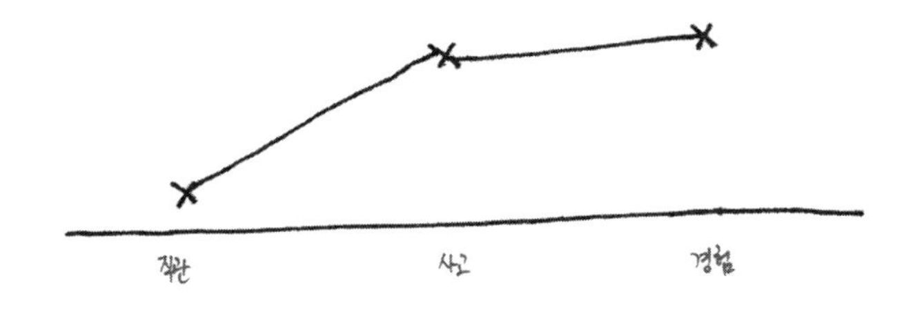

그림 21. 경험이 별로 도움이 안 된다

그림 22. 경험에서 배울 점이 매우 많다

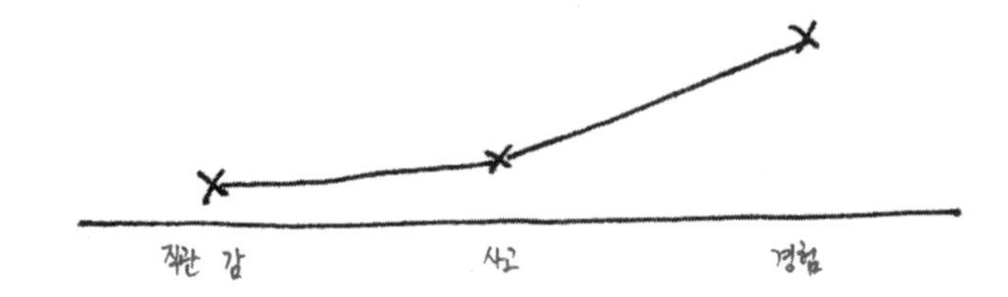

다면, 설계의 초기 비용은 여러분이 투자한 시간뿐이다. 그러나 프로젝트의 수명 동안 고치거나 우회해야 할 실수를 많이 저지른다면 전체 비용은 높아질 것이다. 경험에 기초를 둔 설계의 비용은 골자만 갖춘 최초 설계를 만드는 시간(미리 설계하는 비용보다 적다)에다가 돌아가는 코드와 실제 데이터에 차후의 설계 결정을 추가해 넣을 때 드는 비용을 더한 값이다. 많은 XP 실천방법이 지속적인 설계의 비용을 낮추려는 의도를 담고 있다.

설계 문제 가운데 특히 중요한 문제는 데이터베이스 설계다. 소트워크스ThoughtWorks 사의 프라모드 사달레이지Pramod Sadalage는 우아한 점진적 데이터베이스 설계 전략을 생각해 냈다.

- 빈 데이터베이스로 시작한다.
- 테이블과 열은 모두 자동화된 스크립트를 통해서 추가한다. 이 스크립트는 필요한 경우 기존 데이터를 이전하는 일도 한다.
- 스크립트에 순서대로 번호를 매겨서, 어떤 나중 단계에서든 스크립트만 돌리면 언제라도 이전 단계의 데이터베이스를 복원할 수 있도록 한다.

코드의 특정 버전에는 데이터베이스 설계의 특정 버전이 필요하다. 시스템의 새 버전을 배치하는 작업에는 새 코드를 설치roll out하는 일과, 설계/이전migration 스크립트가 있다면 그것을 돌리는 일도 포함된다. 시스템 가동 중단 시간을 줄이려면 배치를 작고 잦게 유지해야 한다.

내가 아는 가장 강력한 설계 관련 휴리스틱은 '한 번, 딱 한 번만once and

only once'[17]이다. 데이터나 구조 혹은 논리는 시스템에서 오직 한 곳에만 존재해야 한다. 중복을 발견했다면 설계를 개선해야 한다는 뜻이다. 나는 설계에서 여러 곳에 표현된 것들이 하나로 합쳐질 때까지 작업을 한다. 이런 설계 개선들의 목표는 패턴을 구현하는 것인 경우가 많고, 패턴은 대체로 중복할 필요가 없는 코드의 구조다. 중복이 나쁜 이유는 개념의 변화를 하나 만들려면 코드 여러 곳을 고쳐야 한다는 의미가 담겨 있기 때문이다. 중복이 없는 코드의 특징은 개념적 변화가 하나 있으면 코드 변화도 한 번만 있으면 된다는 점이다. 여러분 코드에 이런 특징이 있다면, 지속적인 변화의 비용은 계속 낮게 유지될 것이다.

17) 역자 주: 필요충분조건을 나타내는 if and only if에 해당하는 적당한 번역어가 없듯이, 이말 once and only once도 그렇다. 한 번은 되어야 하고, 한 번을 넘지는 말아야 한다는 의미다.

점진적 설계에 대한 반대 의견은 결국 "우린 못 해."와 "우린 안 해."로 요약된다. '못 해'는 코드와 데이터가 계속 돌아가는 환경에서도 설계하기 위해 필요한 기술들을 배우면 해결할 수 있다. '안 해'는 약간 더 다루기 힘들다. 여러 시스템을 만들면서, 설계를 개선할 가능성을 보고도 그것을 시스템에 적용할 시간을 내지 않았던 경험이 내게도 분명히 많다. 그리고 시스템에 새 기능을 하나 추가하는 문제에 집중하느라 시야가 좁아져서 설계를 개선하지 않던 경험은 그보다 더 많다. 나는 팀 전체의 생산성과 내 오늘의 작업의 균형을 맞추려 노력하지 않았다. 나는 제자리가 아닌 곳에 기능을 하나 더 쑤셔 넣을 때 얼마나 기분이 나빠지는지 생각하지 않았다. 나는 정말 작업을 잘 해나갈 때 얼마나 많은 만족감과 열의가 있는지 생각하지 않았다.

지금 직면한 코드가 마치 커다란 진흙 덩어리 같다 해도, 여전히 설계 개선을 시작하는 것은 가능하다. 여러분이 걸어가는 곳에 등불을 밝히기 시작하라. 코드를 수정하면서, 조금씩 깔끔하게 만들라. 설계 개선을 멀리까지 앞서 나가게 하고 싶은 유혹에 저항하라. 오늘 여러분에게 영향을 미치는 설계만 개선하는 습관을 길러라. 오랜 시간에 걸쳐 건드려야 할, 더 큰 개선들의 목록을 만들고 공개하라. 조만간 그동안 계속 변경해 오던 코드의 설계가 꽤 괜찮아졌다는 사실을 깨달을 것이다. 그리고 시스템에서 아직 수정하지 않은, 옛날 방식으로 설계된 부분을 우연히라도 마주치면 놀라게 될 것이다.

어떤 경우에는 팀이 일주일 동안 설계는 하나도 개선하지 못하고 계속 새로운 기능만 전달deliver하는 경우도 있다. 설계 개선을 어떻게 진행해야 할지 생각해 내는 것도 점진적 설계의 일부다. 이 장 앞에서 나온, 원격 프로시저 호출을 CORBA로 옮기는 예를 생각해 보자. 처음에 아무리 주의 깊게 설계했다고 해도, 원격 프로시저 호출을 사용하면서 내린 가정 가운데 일부는 통신과 관련 없는 코드 부분에도 스며들기 마련이다. 기존 코드를 건드리면서, 이런 가정들을 되도록 적은 장소에 집중시켜라. 그렇게 하면 결국 새로운 통신 프로토콜을 넣는 작업을 일주일 안에 끝낼 수도 있을 것이다.

이렇게 길게 계속되는 변경이 개발을 잠시 멈추고 한번에 모든 변경을 가하는 것보다 비용이 더 들겠다고 생각할지도 모른다. 그러나 XP에서 소프트웨어 설계의 목적은 설계한다는 행위 자체가 아니다. 설계는 기술 쪽 사람과 비즈니스 쪽 사람 사이에 신뢰 관계를 맺는 일에 봉사해야 한다. 요청받은 기능을 매주 전달하는 것이 이 관계의 초석이다. 최선의 설계 이론이 어떤 것인지는 중요하지 않다. 우선순위 목록에서 설계자의 편의는 팀 안에서 가치를 창출하는 다양한 관계를 유지하는 것보다 아래에 있다.

요약하자면, XP 방식 설계로 옮겨가는 것은 설계 결정을 내리는 시점을 옮기는 것이다. 경험을 바탕으로 설계할 수 있을 때까지 그리고 결정 내용을 즉각 사용할 수 있을 때까지 설계를 미룬다. 이렇게 하면 팀은 다음과 같은 일을 할 수 있다.

- 소프트웨어를 더 빨리 배치할 수 있다.
- 확신을 가지고 결정을 내릴 수 있다.
- 잘못된 결정을 계속 끌어안고 사는 일을 피할 수 있다.
- 처음 설계할 때 내린 가정들이 다른 것으로 대체되더라도 개발 속도를 유지할 수 있다.

이 전략의 대가는, 가치 있는 새로운 기능의 흐름을 유지하기 위해서는, 프로젝트의 수명 내내 설계에 꾸준히 투자하고, 큰 변화를 작은 단계로 나누어 실행하는 훈련discipline이 필요하다는 것이다.

단순성

XP 팀은 가능하면 언제나 단순한 해결방안을 선호한다. 여기 어떤 설계의 단순성을 평가하는 네 가지 기준이 있다.

1. **대상이 되는 독자에게 적당하다.** 그것이 얼마나 멋지고 우아한지는 중요하지 않다. 그 설계를 가지고 일할 사람들이 이해하지 못한다면, 그들에게는 단순하지 않은 설계다.
2. **정보전달력.** 의사소통할 필요가 있는 모든 생각은 시스템에 표현되어 있다. 사전 속의 단어들처럼, 시스템의 요소들은 미래의 독자에게 의사를 전달한다.
3. **리팩터링되어 있다.** 중복된 논리나 구조가 있으면 코드를 이해하거나 수정하기 힘들다.
4. **최소성.** 위 세 가지 제약 안에서, 시스템 요소의 수를 할 수 있는 한 최소로 줄여야 한다. 요소 개수가 더 적다면 테스트, 문서화, 의사소통할 것이 적다는 의미다.

단순성을 지향하는 프로젝트는 소프트웨어 개발에 있어 인간성과 생산성을 둘 다 개선시킨다.

15장

Extreme Programming Explained

XP 확장

사람들은 가끔 XP의 확장성이 어떤지 묻는다. 사람 수가 100명이라면 일주일에 한 번 회의를 해서는 작업 계획을 자세하게 짤 수가 없다. 그러나 사람 수가 100명이라도 의사소통, 피드백, 단순성, 용기, 존중의 정신과 같이라면 함께 일할 수 있다. 100명짜리 공동체를 만들고 유지하기는 12명짜리 공동체를 만들고 유지하기와 전혀 다른 일이지만, 우리는 늘 그런 일을 하고 있다.

소프트웨어 개발의 규모 단위에는 사람 숫자만 있는 것은 아니다. 소프트웨어 개발의 규모는 다른 여러 차원에서도 확장될 수 있다.

- 사람 숫자
- 투자
- 전체 조직의 크기
- 시간
- 문제의 복잡도
- 해결방안의 복잡도
- 실패의 결과

사람 숫자

확장성에 대해 말할 때 대부분의 사람들은 사람 숫자 차원에서 생각하는 듯하다. 내가 방문한 회사 가운데 아직 중간 크기 정도인 회사들마저 예전에는 어땠는지에 대한 그리운 기억을 가지고 있었다. 옛날에는 문제가 즉각 해결되곤 했다. 그러나 어느 순간부터 그들은 프로그래머가 두 명 있을 때 문제를 풀던 방법이 이제 더는 효과를 내지 못한다는 사실을 깨닫는다. 그들의 해결방법에는 '확장성이 없다.' 개발자 50명이 개발자가 두 사람일 때처럼 행동할 수 없다는 것은 사실이지만, 그 문제를 해결하고자 자주 도입하는 엄격한 통제와 결재만이 해결책은 아니다.

큰 문제에 직면할 때, 나는 세 단계로 나누어 일한다.

1. 큰 문제를 작은 문제들로 변환한다.
2. 단순한 해결방법을 적용한다.
3. 문제가 남아 있을 경우 복잡한 해결방법을 적용한다.

이 단계들을 따라 대규모 팀이 있어야 해결할 수 있다는 문제를 풀어보자. 그 문제를 더 작은 팀으로 충분히 해결할 수 있을지도 모른다. 나는 50명에서 시작해 300명이 되었고, 앞으로 2000명까지 규모를 키울 계획을 세우는 조직들을 본 적 있다. 그 과정에서 문제는 늘어나고 단계마다 전반적인 처리 능력은 줄어든다. 직원 숫자를 확대하는 일에 중독된 이 조직들은 자기들 문제를 원래 50명 개발자들이 더 잘 해결할지도 모른다는 것을 믿고 싶지 않는 듯하다.

그냥 더 작은 팀을 사용하는 방법이 효과를 내지 못하면, 큰 프로그래밍 문제를 작은 팀들이 하나하나 풀 수 있는 여러 작은 문제로 변환한다. 먼저 작은 팀으로 문제의 작은 일부분을 해결한다. 그런 다음, 자연스레 갈라지는 금을 따라 시스템을 쪼갠 후 몇몇 팀으로 작업을 시작한다. 시스템을 분할할 경우 나뉜 부분들이 통합 때 맞지 않을지도 모른다는 위험이 따르므로, 팀들마다 다르게 내린 가정을 조정할 수 있도록 자주 통합한다. 이것이 분할 후 정복divide-and-conquer 전략 대신 쓰는 정복 후 분할conquer-and-divide 전략이다. 다음 장에서 소개할 세이버 에어라인 솔루션 사는 이 전략을 광범위하게 사용한다.

정복 후 분할 전략의 목표는 팀 간 조정 비용을 절약하기 위해 팀들이 각자 유일한 팀인 양 관리될 수 있도록 만드는 것이다. 그렇게 되더라도, 전체 시스템을 자주 통합할 필요는 남는다. 이 독립 팀의 환상에서 간혹 벗어나는 예외들은 예외로 관리한다. 예외가 일상이 되고, 팀들이 서로 다른 팀에 맞춰 조정하는 데 너무 많은 시간을 들이게 된다면, 다시 팀들을 독립적으로 되돌릴 수 있도록 시스템을 재구성할 방법이 있는지 찾아본다. 이런 일이 실패한 다음에야 대규모 프로젝트 관리의 추가 부하가 정당화될 수 있다.

요컨대 대규모 팀이 꼭 필요하다고 생각하더라도 먼저 작은 팀만으로도 문제를 풀 수 있지 않나 생각해 보라는 뜻이다. 그 방법이 통하지 않을 경우, 작은 팀으로 프로젝트를 시작한 후에, 일을 쪼개 자율적인 팀들에게 나누어준다.

투자

나는 XP 프로젝트에서 대규모 투자는 어떻게 회계 처리해야 하는지 묻는 질문도 자주 받는다. 예를 들어, XP 방식의 개발이 비용인지 아니면 자본 투자인지 묻는 질문을 여러 번 받은 적 있다. 개발을 비용으로 처리하기 좋아하는 회사들은 XP를 배치된 프로그램에 대한 끊임없는 유지보수로 정당화할 수 있다. 소프트웨어 개발을 대개 자본 투자로 회계 처리하는 회사들은 특정한 문제들을 해결하고자 하는 대규모 개발들을 승인하기 위해 분기별 주기나 년별 주기를 사용할 수 있는데, 프로젝트들의 범위가 아직 상세하게 결정되지 않았더라도 이렇게 할 수 있다.

이 문제는 XP와 관련된 문제가 아니라 소프트웨어 개발을 어떻게 회계처리 해야 하는지에 대한 문제다. 공장과 부품의 세계에서 쓰는 회계 모델을 소프트웨어 개발이라는 현격한 차이가 있는 활동에도 맹목적으로 적용한다면 반드시 회계에 왜곡이 생길 수밖에 없다. 회계와 소프트웨어 개발에 상호 이익이 되는 관계를 다시 생각해 보는 것은 XP에서 다루는 범위를 벗어나지만 흥미로운 문제다.

대규모 소프트웨어 개발을 XP 방식으로 시작한다면, 이 문제를 헤쳐 나가는 일에 도움이 되도록 일찍부터 재정 쪽에 친구를 만들어 둔다. 회사마다 소프트웨어의 회계 처리를 조금씩 다른 방식으로 하는 것으로 보이기 때문이다.

조직의 크기

조직의 대부분이 변화하지 않는 상태에서, 어떻게 조직의 일부분에 XP를 적용할 수 있을까? XP 팀은 금세 더욱 정확한 정보를 더 많이 생성하기 시작하지만, 내켜하지 않는 수신자에게 이 정보를 강요한다면 친구로 만들어야 할 사람들을 적으로 돌리게 된다. 우리 목표는 팀의 새로운 작업 방식을 숨기는 것도 아니지만, 다른 사람들에게 변화를 강요하는 것도 아니다. 조직의 다른 부분과 의사소통할 때에는 그들에게 익숙한 형식이 유지되도록 분명히 해두어야 한다.

바로 이 영역이, 숙련된 프로젝트 관리자가 XP 팀에 도움이 되는 지점이다. 대규모 월간 간부 회의에서 특정 형식으로 만든 슬라이드를 원한다면, XP 프로젝트 관리자는 바로 이것을 준비해야 한다. 프로젝트 관리자는 정보를 조직이 흡수할 수 있는 형식으로 보여주어야 한다. 벽에 붙은 스토리 카드들은 물론 여전히 '진실'을 보여준다. 이 카드들을 읽는 법을 배우고 싶은 사람이 있다면 그가 누구든지 들어와서 보고 질문하는 일을 환영해야 한다. 하지만 프로젝트 관리자는 조직의 기대에 확실히 맞춰주어야 한다. XP 팀에서 일어나는 일은 다른 팀에서 일어나는 일과 너무나 다르기 때문에 이 일은 큰 도전이 될 수도 있다. 조직의 다른 사람들을 존중하라. 여러분 자신의 이익을 위해 새로 발견한 지식과 힘을 다른 사람에게 강요하지 마라.

조직의 기대를 맞추면서 동시에 XP의 좋은 점을 유지하려면 가끔 창의성이 필요하다. 어떤 의뢰인의 경우, 프로젝트마다 상세한 분기별 계획을 준비하라고 요구했다. 이 요구는 XP의 '매주 범위 협상하기'와 양립할 수 없는 듯이 보인다. 하지만 그 상사의 상사는 분기별 계획의 진정한 목적은 무엇이며, 그 계획을 실제로 읽는 시점은 언제인지 알아챌 정도로 현명했다. 계획은 분기 말에 있는 분기별 임원 검토 회의 때만 읽혔으며, 그 목적은 계획과 실제를 비교하여 팀이 책임감 있게 행동했는지 보기 위한 것이었다.

그 XP 팀에서 프로젝트 관리자는 매주 금요일에 돌아다니며 팀 구성원마다 이번 주에 무엇을 했는지 물어보았다. 그리고 이 정보를 분기별 계획 형식에 입력했다. 분기별 검토 회의 때, 그 팀의 계획은 조직 안에서 가장 정확한 추정치를 담은 것으로 판명되었다.

이런 절차를 수행하면서 아무도 거짓말을 하지 않았다. 모든 일이 드러내놓고 진행되었다. 전체 관리 명령 체계에서도 무슨 일이 일어나는지 알고 있었다. XP 팀은 올바른 형식의 문서를 준비함으로써 조직의 기대를 문자 그대로 충족함과 동시에 팀이 시간을 책임감 있게 사용했는지 확인하고자 하는 분기별 계획의 정신도 만족시킬 수 있었다.

시간

XP는 프로젝트 기간이 길 때에도 잘 통하는데, 그 까닭은 테스트들이 유지보수에서 자주 생기는 문제를 방지하고 개발 프로세스에 대한 이야기를 들려주기 때문이다. 시간 규모를 확장하는 가장 단순한 경우는 프로젝트 내내 팀의 지속성이 유지되는 상황이다. 그런 경우 자동화된 테스트와 점진적 설계가 시스템이 계속 살아 있고 앞으로 더 성장할 수 있도록 지탱한다. 10년 전 내가 어떤 팀에게 이 기법들을 지도한 적 있는데, 그 팀은 그때부터 지금까지 꾸준히 기능을 추가하고 있다. 결함도 적다. 프로젝트의 진행은 눈부시지는 않지만 안정되어 있다. 팀이 작더라도, 10년 안에 크고 복잡한 시스템을 만들기 위해 진행이 눈부실 필요는 없다.

프로젝트가 자주 시작되었다가 멈추고, 그때마다 팀도 모였다 흩어지는 식이라면 오랜 시간에 걸쳐 유지보수하기가 더 힘들다. 이 경우, XP 팀은 흔히 프로젝트를 중지하기 전에 '로제타석' 문서를 작성한다. 미래의 유지보수자를 위한 이 간략한 지침서는 빌드-테스트 절차의 실행 방법과 시스템을 학습하기 좋은 흥미로운 시작점을 알려준다. 유지보수자가 시스템에 대해 배우는 과정에서 위험한 구덩이에 빠지는 일은 빌드에 포함된 테스트가 막아준다.

문제의 복잡도

XP는 전문가들의 긴밀한 협력이 필요한 프로젝트에 가장 이상적으로 맞는다. 이런 프로젝트를 시작할 때 맞이하는 도전 가운데 하나는 모든 사람이 다른 이들의 전문 영역에 대해 조금씩 배우는 동안 조화롭게 일하도록 만드는 일이다. 예를 들어, 나는 생명보험 관련 프로젝트에서 일한 적이 있다. 내가 보험회계사와 짝 프로그래밍하기에 충분한 보험회계 수학을 익히는 동안 그 보험회계사는 인내심을 갖고 느긋하게 대해 주었다. 한 달이 지나자, 나는 바보 같은 실수 정도는 잡아내게 되었다. 몇 달이 지나자, 가끔 도움을 줄 정도까지 되었다. 내가 보험 회계사가 된 것은 아니지만, 결과로 나온 시스템(과 팀)은 보험 회계사가 시스템에서 자기가 맡은 작은 부분에서만 일하고 나 또한 사용자 인터페이스만 잡고 일하는 경우보다 훨씬 튼튼하게 되었다.

해결방안의 복잡도

풀 문제에 걸맞지 않게 시스템이 너무 크고 복잡하게 자라나는 경우도 생긴다. 우리가 할 일은 문제가 더 나빠지지 않게 하는 것이다. 어떤 결함을 고칠 때마다 새로운 결함이 세 개씩 생겨나는 상황에서 고군분투하는 팀은 계속 나아가기가 어렵다. XP가 도움이 될 수 있다.

어떤 클라이언트는 빌드 프로세스를 통제하는 일부터 시작했다. 그 팀은 빌드 프로세스를 개선해서 중간에 수많은 수작업도 거치며 빌드하는 데만 스물네 시간을 잡아먹는데다 그 시스템 전용의 어떤 기계에서만 돌아가는 빌드 대신, 자동으로 한 시간 만에 어떤 기계에서든 완전히 돌아가도록 만들었다. 그런 다음, 팀은 스토리와 스토리 판을 도입해서 누가 무엇을 대상으로 일하며 그 작업은 얼마나 걸릴지 모든 사람이 알도록 만들었다. 2년 동안 꾸준히 개선한 결과 팀은 비용을 60%나 절약하고, 엔지니어 수를 70명에서 20명으로 줄이고, 결함을 고치는 데 걸리는 시간을 66% 단축했으며, 큰 버전 번호가 증가하는 릴리즈와 작은 버전 번호가 증가하는 릴리즈를 내놓는 시간도 10주에서 2주로 75% 줄였다. 팀이 스스로 구덩이를 파는 일을 멈춘 다음에는, 과잉된 복잡성을 제거하는 동시에 결함도 잡으면서 기어 나오기 시작했다.

과잉된 복잡성을 다루는 XP 전략은 언제나 동일하다. 제품은 계속 전달deliver하면서 복잡성을 깎아 나가라. 지금 서 있는 모퉁이에 빛을 비추라. 어떤 영역에서 결함을 고치는 중이라면, 머무는 동안 그곳을 깔끔하게 정리하는 일도 함께 하라. 이런 '가외의' 정리에 시간이 너무 든다는 반론이 있다. 그러나 팀이 결함을 고치기 위해 하던 일을 중지하게 되었다면 어차피 시간은 낭비되는 것이다. 정리 작업은 일의 부하를 줄이는 데 도움이 된다. 가시적으로 계획을 짜면 모든 사람이 이미 시간을 어디에 투자하는지 쉽게 볼 수 있으므로, 일을 똑바로 하는 데 필요한 추정치도 쉽게 받아들인다.

실패의 결과

안전이 매우 중요한safety-critical 또는 보안이 매우 중요한security-critical

프로젝트에서는 XP를 어떻게 사용해야 할까? 그런 프로젝트에서는 첫째가는 가치가 안전 또는 보안이므로, 규칙 가운데 몇 개를 바꿔야 한다. 내가 만난 어떤 병원 소프트웨어 팀이 말한 대로, "우리가 실수를 저지르면, 아기들이 죽어요." 생명이 달린 상황에서는 XP 이상의 것이 필요하다.

보안 원칙 집합을 염두에 두어 만들며 보안 전문가의 감사를 거치지 않는 한, 어떤 시스템의 보안이 잘 되어 있다고 보증할 수 없다. XP와 호환이 되기는 하지만, 보안과 관련된 실천방법들은 반드시 팀의 매일 작업에 포함되어야 한다. 예를 들어, 리팩터링할 때에는 시스템의 기능뿐 아니라 보안성까지 그대로 유지해야 한다.

항공 시스템과 의료 시스템은 배치를 허용받기 전에 먼저 감사를 받는다. XP의 '흐름' 원칙에 따르자면, 감사 절차도 프로젝트 마지막에 놓인 한 단계가 되어서는 안 된다. 감사도 초기부터, 자주 해야 한다. DO-178B[18] 같은 감사자들을 위한 지침에서는 엄격한 폭포수 모델 외의 다른 소프트웨어 개발 생명 주기들도 명백히 허용하고 있다. 미국 식품의약청의 「FDA의 검토자와 산업 지도를 위한 의료 기계에 포함된 소프트웨어의 시장 판매 전 충족사항에 대한 지침Guidance for FDA Reviewers and Industry Guidance for the Content of Premarket Submissions for Software Contained in Medical Devices」에서 가져온 예가 여기 있다.

18) 역자 주: DO-178B는 미 국방성에서 인증한 항공 분야 소프트웨어 애플리케이션에서 검증받아야 하는 소프트웨어 규격의 하나다. 현재 항공뿐 아니라 국방 분야의 모든 소프트웨어 애플리케이션에 적용되는 방향으로 확산되고 있다.

> "생명주기 모델에는 폭포수, 나선형, 진화, 점진적, 하향식 기능 분해(또는 단계별 개량), 형식적 변환 등 다양한 종류가 있다. 적절한 위험 관리 활동과 피드백 프로세스들이 선택한 모델 안에 포함되기만 한다면 이것들 가운데 어떤 모델 또는 다른 모델을 사용해서도 의료 기기 소프트웨어를 만들 수 있다."

감사자들과 지속적인 관계를 구축하면 감사를 성공적으로 할 가능성이 높아진다.

추적가능성, 곧 시스템에서 무엇이 변경되었든 왜 변경되었는지 알아볼 수 있는 능력은, 비록 그 정보를 정기적으로 기록하지는 않지만 XP에 이미 내장된 것이다. 추적가능성을 구현하기 위해 XP에서 해야 할 유일한 변화는 그 정보를 물리적으로 기록하는 것뿐이다. 만약 내가 코드에서 **어떤** 줄을 고쳤다면, 그 까닭은 완료 일정이 5월 24일로 잡혀 있고 5월 28일까지 배포할 준비가 끝나야 하는 **어떤** 스토리에서 나온 시스템 차원 테스트의 일부인 **어떤** 테스트를 작성했기 때문이다. 이런 정보를 저장하려면 어떤 형식을 사용해야 할지는 여러분의 감사자가 알려줄 것이다.

결론

늘 깨어 있으며 적절히 적응하기만 한다면, XP에도 분명 확장성이 있다. 어떤 문제들은 작은 XP 팀 하나로도 쉽게 다룰 수 있도록 단순화할 수 있다. 그렇지 않은 문제들을 해결하려면, XP가 증강되어야 한다. 기본 가치와 원칙들은 어떤 규모에서든 유효하다. 실천방법들은 현재 상황에 맞도록 수정할 수 있다.

16장

Extreme Programming Explained

인터뷰

다음은 항공사용 제품을 개발하는 세이버 에어라인 솔루션의 수석 부사장 브래드 옌슨Brad Jensen과 인터뷰한 내용이다.

Q: 언제부터 XP를 사용하기 시작했습니까?

A: 나는 각각 다른 제품을 담당하는 열세 팀을 한 조직으로 만들고 아키텍처와 룩 앤 필도 하나만 사용하도록 만드는 임무를 맡았습니다. XP는 그 일을 해내기 위한 내 전략의 일부분이었죠. 나는 들어와서 이렇게 말했답니다. "우리 개발 프로세스는 XP야!"

Q: 조직에 몇 명이나 있습니까?

A: 항공사용 제품 개발부에 300명 있지요. 240명은 개발자고, 25명은 관리와 사무 업무를 하고, 테스트와 환경설정 관리에 35명 있습니다.

Q: 어떤 방법으로 XP를 도입했습니까?

A: 열세 제품 그룹마다 각각 1주일 동안 오브젝트 멘토Object Mentor 사의 훈련을 받도록 했지요. 열세 그룹이니까 13주가 걸렸습니다. 그 다음

에 우리는 팀이 XP를 하기 시작하자 또 코치를 받도록 했지요.

만약 다시 이런 일을 하게 된다면, 처음에는 한 팀만 시작할 겁니다. 그 팀이 정말 XP를 '완전히 깨우쳤다는 걸' 확인한 다음에는 그 팀이 다음 팀을 가르치도록 할 겁니다.

Q: XP를 전부 사용하십니까?

A: 내 머리 속에는 조절 다이얼이 있죠. XP에 맞는 프로젝트라면, XP를 다 합니다. 의욕 넘치는 팀이 완전히 새로 시작하는 자바 개발 프로젝트가 완벽한 XP용 프로젝트입니다. 기존 C++ 코드를 확장해야 한다면, 폭포수 모델에 좀 더 가까운 프로젝트 내부에 XP를 끼워 넣는 식으로 해야지요. 우리는 요구사항 분석과 설계 작업을 프로젝트 초기에 좀 많이 하는 편입니다. 그리고 고객들에게 배치하기 전에 공식 테스트 단계가 따로 있습니다.

기존 프로젝트들의 설계를 단순하게 유지할 수는 없는데, 설계가 애초부터 단순하지 않기 때문이지요. 설계가 복잡하기 때문에, 그 프로젝트들을 위해서 테스트를 충분하게 작성할 수가 없습니다. 그래서 거기엔 버그가 많지요. 그리고 C++용 리팩터링 도구가 없어서 리팩터링하기도 힘듭니다. 이런 이유들 때문에 프로젝트 초기와 말기에 폭포수 단계들을 넣었지요.

Q: XP에서 어떤 이득을 보셨습니까?

A: 완전히 XP로만 한 프로젝트에는 결함이 거의 없습니다. 제품이 쓰이기 시작한 지 2년이 지나도 결함이 하나도 나오지 않은 프로젝트도 하나 있답니다. 기존 프로젝트를 XP로 전환한 프로젝트들도 매우 경쟁력 있는 결함 비율을 보입니다. 천 줄당 결함 한두 개 정도지요. CMM이 5등급인 조직 열 개로 구성된 뱅갈로 SPIN의 보고에 따르면 그들의 평균 결함률은 천 줄당 여덟 개랍니다. 생산성 또한 올라갑니다. 어떤

프로젝트에서는 XP 방식과 XP 이전 방식의 개발을 직접 비교했더니 생산성이 40% 올라갔습니다.

Q: XP가 쉽지만은 않았을 텐데요.

A: 쉽지 않았지요. 처음에는 사람들 중 삼분의 일 정도가 회의를 품었고, 다른 삼분의 일은 즉시 받아들였고, 나머지 삼분의 일은 기다려보자는 식이었습니다. 결국은 80~90% 정도가 받아들였고, 10~20%는 XP를 마지못해 하고, 3~5%가 절대 받아들이지 않는 정도까지 바뀌었지요. 프로그래머들이 짝 프로그래밍을 하려 들지 않거나, 자기 코드를 자기가 소유하겠다고 주장한다면, 그런 사람들을 해고할 용기가 있어야 합니다. 나머지 팀원들이 당신을 지지해줄 겁니다.

Q: 작업 현장에 나와 있는 고객에 대해 말해 주십시오.

A: 고객에게 많은 것이 걸려 있지요. 우리 회사의 제품 관리 조직에서 온 사람들을 고객으로 삼았습니다. 열린 공간에 다른 팀원들과 함께 앉는 고객을 팀마다 한 명씩 두었지요. 한 제품의 고객이 항공사 100개가 될지도 모르기 때문에, 모든 항공사의 이해관계를 대변하는 일이 제품 관리자의 임무였습니다. 제품 관리자는 사용자 콘퍼런스, 고객 포럼, 설계 협의회 등에서 요구사항들을 모아들였습니다. 그 중 설계 협의회가 가장 가치있었지요. 1년에 한 번, 우리는 한 제품의 가장 좋은 고객들 가운데 몇몇을 초대해서 우리한테 다음에 무엇을 얻고 싶은지 말해달라고 합니다. 우리는 이런 설계 협의회 때 일이 년 분량의 스토리들을 얻습니다. 우리 수석 개발자들도 이런 모임에 참석하기는 하지만, 기능에 대해 최종 결정을 내리는 것은 제품 관리자입니다.

현장 고객은 XP에서 가장 가치 있는 부분 가운데 하나입니다. 하지만 가장 많은 문제를 발생시키는 부분이기도 하지요. 범위를 조절할 수 있다는 사실은 굉장합니다. 일정이 사분의 일 정도밖에 지나지 않았는

데도 벌써 우리가 과연 일정 안에 해낼 수 있을지 없을지 알게 되는 것도 굉장하죠. 하지만 주의 깊게 감시하지 않으면 범위를 조절하다가 범위가 슬금슬금 늘어나게 된답니다.

어떤 고객은 훌륭합니다. 그들은 좋은 스토리를 작성하지요. 승인 테스트 기준도 자기들이 작성합니다. 테스터들이 승인 테스트들을 작성하는 일도 도와줍니다. 어떤 고객은 그렇게 좋지만은 않습니다. 그들은 높은 차원의 스토리들은 쓰고 싶어 하지만, 승인 테스트 기준을 정하는 일에는 관심이 없습니다. 이런 경우, 우리는 해당 영역을 굉장히 잘 아는 아주 경험이 많은 개발자들로 빈자리를 채웁니다. 몇 번은 고객이 추정치를 낮추기 위해 요구사항들을 감추었다가, 약속한 시간이 되니까 자기가 생각한 모든 기능이 다 만들어져 있기를 기대했다고 말하는 식으로 시스템을 악용하려고 시도한 경우도 있었거든요.

Q: XP를 도입할까 고려하는 다른 임원들에게 해주고 싶은 충고가 있습니까?

A: 꼭 XP를 사용하세요. 기능 단위로 계획을 짜세요. 고객들이 관심을 가지는 기능들을 계획의 항목으로 삼아야 합니다. 릴리즈는 분기에 한 번 계획하시고, 반복iteration은 더 자주 계획하세요. 우리는 두 주짜리 반복을 사용합니다. 반복이 절대로 고정된 것이 되도록 만드세요. 고객을 팀과 한 자리에 앉도록 하세요. 팀을 개방된 공간에 두세요. 폭포수 방식 개발 안에 XP를 끼워 넣어야만 하는 경우에도, XP를 사용한다면 여전히 많은 이익을 얻을 것입니다.

2부 | XP의 철학

지금까지 XP를 어떻게 적용할까 살펴보았으니, 이제부터는 다른 영역에 속하지만 XP와도 연관되는 몇몇 아이디어를 살펴보자. 여기 나오는 아이디어들 가운데 일부는 XP에 직접 영향을 주었지만, 다른 것들은 단지 XP와 다른 규율discipline 사이에 명백하게 유사한 경향이 있음을 드러낼 뿐이다. 이런 다른 아이디어 가운데 하나를 이해하는 사람은, XP의 핵심도 쉽게 잡아내며 각 부분이 서로 어떻게 잘 맞아떨어지는지도 금세 이해할 수 있다. 어떤 그룹에게 XP에 대해 강연한 적이 있는데, 그 그룹에는 XP에 매우 회의적인 재무 간부가 있었다. 하지만 오후쯤 되자 나는 그의 표정에 깨달음의 빛이 떠오르는 것을 볼 수 있었다. "이건 그냥 린 생산lean manufacturing을 소프트웨어에 적용하는 거잖아요. 나는 이전 직장에서 린 생산으로 이전하는 과정을 경험했답니다. 이제 당신 말이 이해되는군요." 하지만 다른 규율과의 유사점을 적용할 때에는 조심스러워야 한다. 제조 공장에서는 효과가 있는 것이 프로그래밍 작업장에서는 효과가 없을 수도 있고, 그 반대도 마찬가지다. 하지만 예를 들어 조직 차원의 변화를 북돋우는 문제처럼 다른 규율들은 어려운 인간관계 문제들에 몇십 년 동안이나 효과를 보이고 있다. 그들이 배운 교훈을 우리가 이해한다면 XP 적용 속도를 높이는 데 도움이 될지도 모른다.

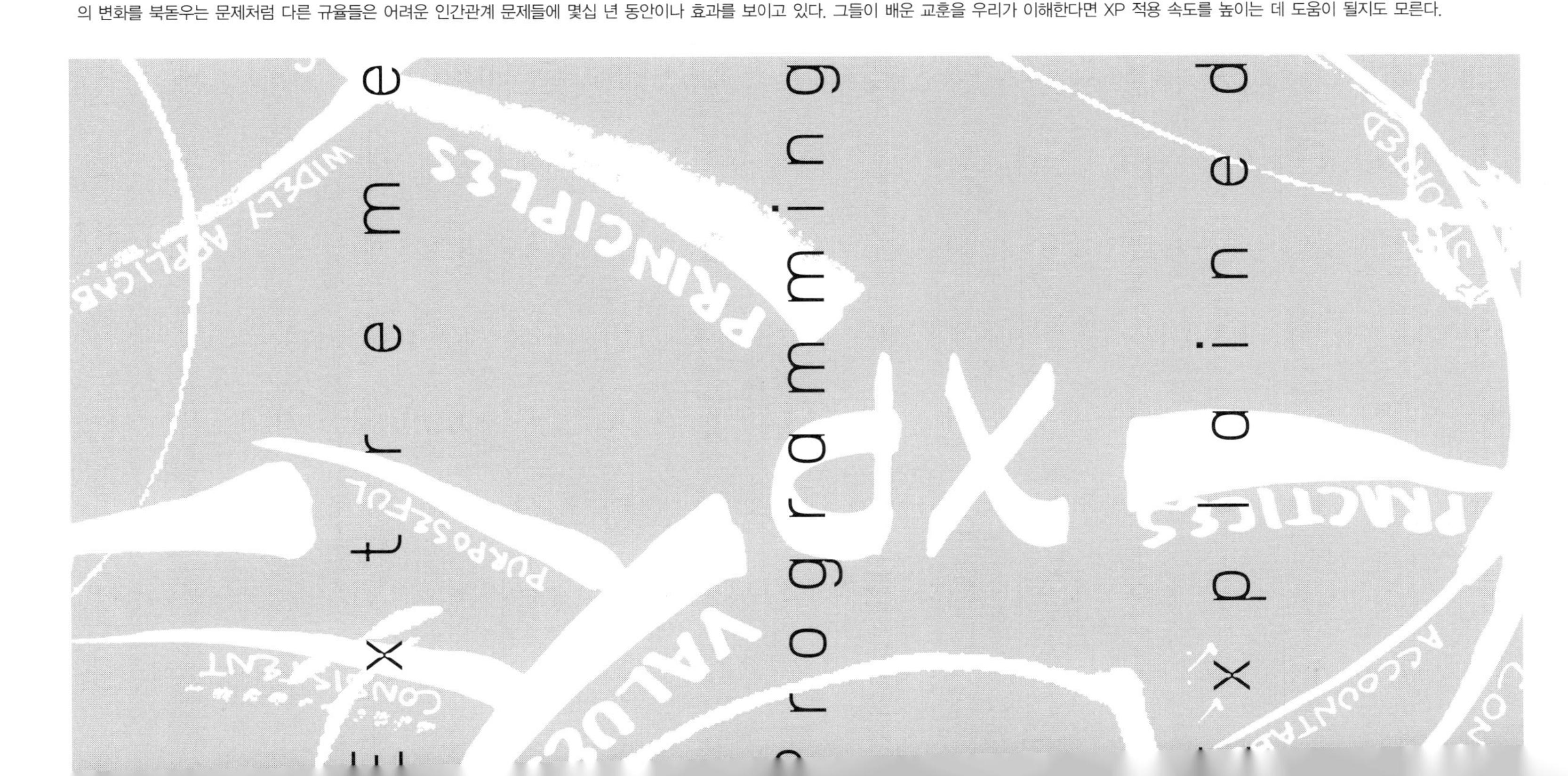

17장

Extreme Programming Explained

창조 이야기

인기있는 아이디어에는 그것이 어떻게 시작되었는지에 대한 이야기가 따라 나온다. 이런 이야기는 그 아이디어를 쉽게 머릿속에 붙들어 맬 수 있도록 도우며, 듣는 사람이 더 쉽게 이해할 수 있도록 아이디어를 그것이 만들어진 상황과 함께 전달하는 기능을 한다. 다음은 XP의 시작에 대한 내 이야기다.

모든 것은 전화 한 통으로 시작되었다. "크라이슬러의 급여 지급 시스템에 성능 문제가 있는데 한번 오셔서 봐주시겠습니까?" 나는 스몰토크 프로그램의 성능 개선에 대해 글도 쓰고 강의도 한 적이 있었으므로, 그런 전화를 받는 것은 그리 놀랄 일이 아니었다. 나를 약간 놀라게 만든 것은 내가 던진 선별질문 가운데 몇 개에 대한 대답이었다. 그 중 특히 하나가 내 귀에 오래 남았다.

"내가 변경을 가했을 때 그 변경이 아무것도 망가뜨리지 않았나 확인하게 해줄 테스트들이 있습니까?"

"사실 시스템이 정확한 급여를 아직 계산하지 못한답니다."

정확한 결과를 계산할 필요가 없다면야, 얼마나 빠른 시스템을 요구하든 원하는 대로 만들어 드릴 수 있다. 나는 단지 성능 개선 문제 외에 더 큰 문제가 있다는 냄새를 맡기에 충분한 컨설팅 경험이 있었다. 호기심이 생겼기 때문에, 가보기로 결심했다.

나는 1996년 (부활절 즈음의) 참회 화요일에 그곳으로 갔다. 날짜를 이렇게 정확히 기억하는 까닭은 나와 그 팀이 오직 참회 화요일에만 굽는 폴란드 젤리 도넛인 'paczkis' ('펀치키즈'라고 발음한다.)를 먹었기 때문이다.

나는 문제가 있는 프로젝트에서 보이는 증상들을 그 프로젝트에서 금세 포착했다.

- 그들은 제품 출시까지 두 달 남았다는 이야기를 다섯 달째 하고 있었다.
- 사람들은 내 질문에 대답하기 전에 누가 엿듣는지 보려고 주위를 둘러보았다. 이것은 사람들이 팀 동료에게서 자신을 보호하고 있다는 증상이다.
- 사람들은 눈에 띄게 지쳐 보였으며 신경도 날카로웠다.

컨설팅에서 정말 자주 생기는 일이지만, 의뢰인은 이미 답을 알고 있다. 컨설턴트로서 내가 할 일 가운데 하나는 답을 아는 사람을 찾아 그 답을 권력이 있는 사람에게 전달하는 일이다. 첫째 날 아침 커피를 마실 때, 누군가 이런 말을 했다. "우리가 하드디스크를 날려 버릴 수만 있다면, 프로젝트를 해낼 수 있을 텐데." 배치까지 두 달밖에 남지 않은 상황에서 모든 코드를 날려 버린다는 상상에 모든 사람이 불안한 웃음을 지었다.

이틀 후 나는 크라이슬러의 CIO와 회의를 했다. 나는 그녀에게 세 가지 선택을 내밀었다. 현재 진도대로 나가면서 소프트웨어가 배치할 준비가 되긴 할지 언제까지나 확신하지 못하는 것, 프로젝트를 당장 취소하고 그동안 쌓은 모든 경험을 잃는 것, 더 작은 팀으로 처음부터 다시 시작하는 것. 그녀는 나의 참여하에 새로 시작하는 것을 선택했다.

큰 변화를 성공하게 만드는 일에는 여러 요소가 필요한데 행운도 그 가운데 하나다. 내가 집에 돌아왔을 때 다음과 같은 론 제프리즈Ron Jeffries의 메일이 와 있었다. "일할 거 없어? 나한테 810-555-1234로 전화해 줘." 나는 전화를 걸어 이렇게 말했다. "제발 810이 디트로이트 지역 번호라고 말해 줘." "앤 아버인데. 디트로이트랑 꽤 가까워." 이것이 어떻게 론이 첫 번째 전업 XP 코치가 되었는가에 대한 이야기다.

마틴 파울러도 분석과 관련된 문제에 대해서 그 프로젝트에 컨설팅을 해 주고 있었다. 나는 그를 붙잡고 분석과 테스트하는 일을 도와 달라고 말했는데, 우리가 완전히 새로운 소프트웨어 개발을 시험해 볼 때라도 마틴 파울러라면 생각을 차분하게 유지하리라는 점을 알고 있었기 때문이다. 마지막으로, 나는 경영진의 지원을 약속 받았으며, 처음에는 불편하게 느껴지는 개발 방식일지라도 계속 붙어 있겠다고 각오한 팀도 하나 얻었다.

이 주일 후 나는 프로젝트를 시작하기 위해 돌아왔다. 맨처음 할 일은 (규모가 줄어든) 팀 구성원들과 개별 면담을 하는 일이라고 결정했다. 일이 잘 되게 만들기 위해 그들이 무엇을 할 수 있다고 생각하는지 알고 싶었다. 나는 프로젝트 관리자인 밥 코Bob Coe부터 시작했다. 처음 몇 마디 대화를 나눈 다음, 그는 이렇게 물었다. "그래서 프로젝트를 어떻게 진행할 생각입니까?"

대답할 준비는 하고 있었지만 내심 나올까 봐 두려워하던 바로 그 질문이었다. 내가 정확히 무슨 말을 해야 할지 몰랐기 때문이다. 나는 이렇게 말하기 시작했다. "우리는 음…… 석 주짜리 어…… 반복iteration들을 할 겁니다. 반복마다 우리는 음…… 몇몇 스토리를 구현할 건데, 그건 메리(급여 지급 전문가)가 고를 거예요. 우리는 스토리를 추정한 다음에 반복 하나당 얼마나 많은 스토리가 들어갈 수 있는지 알아낼 겁니다. 그리고 반복의 수를 세어보면 전체 일정의 길이를 알 수 있겠지요."

"왠지 잘 될 것처럼 들리는군요."

다음 면담에서 나는 이렇게 말했다. "그러니까 우리는 석 주짜리 반복들을 할 겁니다. 반복마다 스토리를 몇 개 담지요. 우리는 음…… 첫 번째 반복만 가지고도 제대로 된 급여명세를 정확히 찍을 수 있도록 반복 안에 스토리들을 넣을 겁니다." 그리고 그 날 면담을 계속 하면서, 면담을 한 번 할 때마다 나는 프로젝트 구조에 익숙해졌고, 그때마다 내 착상에 세부사항을 조금씩 더해갔다.

내 목표는 내가 소프트웨어 공학에서 가치를 지닌다고 아는 모든 것을 담는 프로젝트 진행 방식을 만든 다음 다이얼을 10까지 돌리는 것이었다. 우리는 꼭 필요한 모든 것을 상상할 수 있는 한 가장 열렬하게 할 것이며 다른 모든 것은 무시하리라. 만약 해야 할 것이 더 있다는 사실을 알게 되면, 그것들은 나중에 추가하리라.

하루가 끝날 때가 되자, 나는 XP의 기본 틀을 잡았다. 고객이 고른 기능들이 정해진 심장박동에 따라 추가되고, 테스트가 자동으로 이루어지며, 언제나 배치 가능한 시스템이 바로 그것이다. 이 정도면 10이라고 생각했던 다이얼이 사실은 8이나 6 정도일 뿐이었다는 사실을 깨닫는 데는 경험이 더 쌓여야 했다.

내가 이것을 '기본'이라 한 까닭은, 이 추상 개념들을 실제 프로젝트에 적용하는 작업을 실제로 한 사람들은 팀이었기 때문이다. 프로세스에는 살을 붙여야 했고, 도구들을 작성해야 했으며, 기술들도 배워야 했고, 인간관계도 새로 만들거나 돈독하게 해야 했다. 나는 소프트웨어 개발을 다르게 하는 방법에 대한 미래상을 제시했고 팀은 실제로 소프트웨어를 그 방법대로, 그리고 그 방법보다 낫게 개발했다.

우리의 첫 번째 과업은 프로젝트를 완료하려면 시간이 얼마나 걸릴지 추정하는 일이었다. 팀은 스토리들을 작성하고 추정했다. 우리는 하루 종일 계획 수립 회의를 해서 모든 스토리를 검토했다. 우리 고객은 첫 번째 배치에 들어갈 최소한의 기능들을 골랐다. 그런 다음 우리는 추정치들을 더해서 나온 날짜를 IT와 발주 조직sponsoring organization의 최고 관리자들에게 보여주었다. 하루가 끝날 때쯤 한 프로그래머가 내게 이렇게 말했다. "지금까지

본 추정치 가운데 진짜로 믿은 건 이번이 처음이예요." 그런 다음, 팀은 3주 주기로 스토리들을 구현하기 시작했다.

팀은 돌아가기 시작했고 나는 자신감이 넘치게 되었다. 나는 우리가 범위를 협상한다면 소프트웨어를 언제나 제시간에 전달할 수 있으리라 확신했다. 하지만 소프트웨어 개발에 확실한 것이란 없다. 어떤 사건 하나가 특히 내 기억에 선명히 남아 있다. 나는 시스템을 기능들로 나누고 기능에 대한 통제권을 고객에게 준다면, 우리 소프트웨어는 언제나 제시간에 배치될 수 있다고 절대적으로 확신하고 있었다. 나는 시스템을 제시간(1997년 1월)에 출시할 수 있다는 내기에 많은 돈을 걸었다. 11월 중순이 되자, 그렇게 되지 않으리라는 점이 분명해졌다. 급여 명세의 숫자들을 충분히 잘 계산하였지만, 출력 파일에는 그 숫자들이 올바로 나오지 않았다. 우리 테스트들은 오직 숫자가 잘 계산되었는지까지만 확인해 줄 뿐이었다. 결과를 올바로 출력하려면 해야 할 일들이 더 있었다. (이 재앙 때문에 "끝에서 끝까지end-to-end는 생각하는 것보다 더 멀다."란 말이 뜨게 되었다.)

나는 내가 이 상황에 잘 대처했다고 말하고 싶지만 그러지 못했다. 나는 당황했다. 남아 있는 모든 작업을 남은 시간에 쑤셔 넣는 일에 팀이 동의하도록 만들려고 했다. 체트 핸드릭슨Chet Hendrickson이 길게 끄는 말투로 이렇게 말했을 때에야 나는 제정신을 차리게 되었다. "다른 때에는 완료 날짜를 추정할 필요가 있다면 언제나 각 부분에 추정치를 잡은 다음 그걸 더했잖아요. 지금 상황이라고 뭐가 다릅니까?"

나는 보너스가 날아갈까 봐 걱정하였지만, 다시는 소프트웨어의 배치가 늦는 일은 없도록 만들겠다는 내 꿈에 대해서도 걱정하고 있었다. 상황은 그럭저럭 잘 마무리되었다. 우리는 3월에 검사를 받았으며 시스템은 4월에 가동되었다.

그 시스템은 3년 동안 가동되고, 2000년에 가동이 중지되었다. 가동을 중단시킨 두 원인은 기술과 재정이었다. 2000년이 되자 스몰토크가 아니라 자바가 명백히 지배적인 객체 기술이었다. 크라이슬러는 잘 사용하지 않는 언어로 작성된 시스템을 언제까지 유지보수할지 기간도 정하지 않은 채로 유지보수하고 싶어 하지 않았다. 그들은 이미 다른 시스템에서 그런 상황에 처해 있었는데, 그것은 비용도 많이 들고 불편한 일이었다. 우리 프로젝트는 IT부서에서 재정을 공급 받는 객체 기술 사용에 대한 파일럿 프로젝트였다. IT부서는 재무부서에 다음 단계를 위한 돈을 대달라고 요청했다. 재무부서는 거절했고, 프로젝트는 중지되었다.

그 시스템은 안정적이고, 비용이 적게 들고, 유지보수와 확장도 쉬웠다. 아키텍처는 유연하고 적절한 상태로 있었다. 결함 비율은 비슷한 프로젝트와 비교할 때 믿을 수 없을 정도로 낮았다. 팀은 새로운 구성원을 맞아들이는 일을 그다지 어려워하지 않았고, 팀원이 한 명 떠날 때 그에 비례하는 정도로만 팀의 효율성에 영향을 미쳤다. 프로젝트는 마지막 순간까지 기술적 성공 사례였다.

그 프로젝트는 비즈니스 성공 사례이기도 했다. 우리 프로젝트는 객체 기술이 대규모 데이터 처리에도 적합하다는 사실을 증명했다. 그러나 비즈니스 요구가 변했다. 소프트웨어 개발의 비용을 담당하는 재정 지원은 정치적 상황에 따라 좌우된다. 소프트웨어 개발 재정 지원의 우선순위는 기술적 실천방법과 비즈니스 실천방법의 이동에 따라 빠르게 변한다.

이것이 XP 시작에 대한 내 이야기다. 그때 이후로, 여러 팀의 많은 생각과 노고가 XP의 가치, 원칙, 실천방법의 관계를 탐구하고 그 아이디어들을 다듬는 데 들어갔다.

18장

Extreme Programming Explained

테일러주의와 소프트웨어

프레드릭 테일러Frederick Taylor는 최초의 산업공학자다. 테일러 이전에도 공장의 효율성을 연구한 사람이 있었지만, 산업공학이라는 분야 자체를 만든 것은 테일러의 맹렬한 연구와 카리스마였다. 테일러의 작업과 그의 제자들(특히 프랭크 길브레스Frank Gilbreth와 릴리언 길브레스Lillian Gilbreth, 헨리 갠트Henry Gantt가 유명하다)의 작업을 통해, 그는 공장의 생산성을 체계적으로 개선하는 사례들을 엄밀하고 설득력 있게 제시했다. 테일러는 그의 가르침을 위해 강력한 메타포를 선택했는데, '과학적 관리'가 바로 그것이다.

설명적인 이름descriptive names을 선택할 때에는, 반대 개념이 매력 없는 이름을 고르면 도움이 된다. 누가 '비과학적' 관리를 좋아하겠는가? 테일러가 '과학'이란 단어를 쓴 이유는, 테일러가 공장 생산성을 개선하기 위해 과학적 방법론, 곧 관찰과 가설과 실험을 적용했기 때문이다. 그는 작업 중인 노동자를 관찰하고, 그 작업을 수행할 수 있는 다른 방법을 여러 가지 고안하고, 그 방법들도 관찰한 다음, 작업하는 데 단 하나의 가장 좋은 방법을 선택했다. ('가장 좋은 방법 단 하나the One Best Way'가 그의 표어 가운데 하나였다.) 그러면 남는 일은 개선을 확실히 굳히기 위해 그 하나의 실행방법을 공장 전체에 표준화하는 일뿐이다.

이 장에는 (나중에 그렇게 이름 붙은) 테일러주의의 모든 기술적, 사회적, 경제적 영향을 서술할 공간이 충분하지 않다. 더 자세한 내용을 읽을 수 있도록 참고문헌 목록에 여러 책을 넣어놓았다. 테일러주의에는 긍정적 효과가 몇 가지 있긴 하지만, 심각한 단점 또한 몇 가지 존재한다. 이런 한계는 단순화를 위한 세 가지 가정 때문에 생긴다.

- 일은 대체로 계획대로 진행된다.
- 미시적 최적화는 거시적 최적화를 낳는다.
- 사람들은 대개 서로 교체될 수 있으며, 일을 하려면 무엇을 해야 하는지 지시를 받을 필요가 있다.

왜 소프트웨어 개발에서도 테일러주의가 중요하다고 하는 것일까? 개발 회사에서 메모장과 스톱워치를 들고 어슬렁거리는 사람은 아무도 없는데. 소프트웨어 개발에서의 문제는, 테일러주의는 작업의 사회적 구조를 내포한다는 점이다. 테일러의 시간-동작 연구time-and-motion studies의 의식儀式과 장식은 떼어버렸어도, 우리는 슬그머니 테일러주의의 사회적 구조를 물려받았다. 그러나 이것은 소프트웨어 개발에 기묘할 정도로 잘 맞지 않는다.

테일러주의식 사회공학의 첫 번째 단계는 계획과 실행의 분리다. 일하는 방법과 일하는 데 걸리는 시간을 결정하는 사람은 교육받은 공학자다. 작업자들이 주어진 과업을 주어진 방법으로 할당된 시간 동안 충실히 따른다면 모든 일이 잘 될 것이다. 작업자는 기계 부품이다. 그러나 아무도 자신을 부품으로 생각하고 싶어 하지 않는다.

소프트웨어 개발에서도 권한이 있는 사람이 다른 사람의 추정치를 만들거나 변경할 때 우리는 테일러의 메아리를 듣게 된다. 또 '엘리트' 아키텍처 또는 프레임워크 그룹이 사람들이 정확히 어떤 방식으로 일해야 하는지 규정할 때에도 테일러의 메아리를 들을 수 있다.

테일러주의식 사회공학의 두 번째 단계는 품질 부서를 따로 두는 것이다.

테일러는 작업자들은 할 수만 있다면 언제나 '꾀를 부린다'(느리게 일하거나 형편없이 일하지만, 그 사실이 눈치채일 정도는 아니게 일한다)고 생각했다. 그는 품질의 적정 수준을 달성하기 위해 품질 관리 부서를 별도로 만들어 작업자들이 적절한 속도로 일하는지 뿐 아니라 정해진 방식대로 일하는지도 확실하게 했다.

품질 조직을 별도로 둔다는 점에서 많은 소프트웨어 개발 조직이 바로 테일러주의자다. (심지어 그 사실을 자랑스러워하기도 한다.) 품질 부서를 따로 두는 일은 우리가 품질을 정확히 공학engineering이나 마케팅이나 판매만큼 중요하게 여긴다는 메시지를 전달한다. 그러나 그렇게 하면 공학 부서의 누구도 품질에 대해서는 책임을 지지 않게 된다. 책임은 다른 누군가에게 있다. 공학 조직에서 QA를 별도 부서로 둔다면, 공학과 품질은 별개의 활동이며, 병렬적인 활동이라는 메시지 또한 함께 전달하는 셈이다. 품질과 공학을 조직 구조에서 분리한다면 품질 부서가 하는 일의 성격이 건설적이 아니라 징벌적이 되어버린다.

품질, 아키텍처, 프레임워크가 소프트웨어 개발에서 중요하지 않다고 말하려는 것이 아니다. 사실 정반대다. 이것들은 너무 중요하기 때문에, 테일러주의자의 사회적 구조에 맡겨둘 수 없다. 그것은 변화하는 세상에서, 작동하고 유연하며 비싸지 않은 소프트웨어를 만드는 데 꼭 필요한 커뮤니케이션과 피드백의 흐름을 방해하는 구조이기 때문이다. 다음 장에서 이러한 생산성과 품질 목표들을 달성할 대안이 될 만한 사회 구조를 내놓는, 제조업계에서 최근에 새로 나온 생각들을 살펴볼 것이다.

19장

Extreme Programming Explained

도요타 생산 시스템

도요타는 대규모 자동차 제조사 중 이윤을 가장 많이 남기는 회사다. 도요타는 훌륭한 제품을 만들고, 빠르게 성장하며, 이윤이 높고, 많은 돈을 번다. '빠르게 움직인다going fast' 는 도요타의 목표는 팽팽한 긴장을 유지함으로써 이루어지는 것이 아니다. 도요타는 자동차 생산 공정의 모든 단계에서 쓸모없이 낭비되는 노력을 제거한다. 낭비를 충분히 제거한다면, 머지않아 빠르게 움직이려고 그냥 노력만 하는 사람들보다 더 빠르게 움직일 수 있다.

이 장에서는 도요타 생산 시스템Toyota Production System, TPS에서 자동차를 실제로 제작하는 부분에 초점을 맞춘다. 메리 포펜딕Mary Poppendieck과 톰 포펜딕Tom Poppendieck은 소프트웨어를 통해 가치를 전달하는 전체 작업에서 TPS의 제품 개발 부분이 얼마나 중요한지에 대한 글을 많이 쓴다.[1)]

1) 역자 주: 저서로 『Lean Software Development』가 있다.

도요타 작업장의 대안적인 사회 구조는 TPS를 성공시킨 핵심이다. 모든 작업자가 전체 생산 라인에 책임을 진다. 누구든지 결함을 발견하면 전체 라인을 멈추는 줄을 잡아당긴다. 그리고 그 생산 라인의 모든 자원이, 문제의 근원을 찾은 다음 그것을 고치는 데 투입된다. 처음에 미국 작업자들은 이 사실을 믿지 못했다. 체트 핸드릭슨은 내게 켄터키 주의 도요타 공장에서 일하는 자기 처남 이야기를 해준 적이 있다. 그 처남은 자기 앞에 결함이 있는 차 문이 하나 지나가는 것을 보았다. 친구가 "줄 잡아당겨."라고 말했다. 싫어, 말썽을 일으키고 싶지 않다고. 그러나 또 다른 결함이 있는 문이 보였다. 그리고 하나 더. 마침내 줄을 잡아당겼다. 처남은 진실을 말하고 문제점을 지적해 냈다고 칭찬을 받았다. '라인을 멈춘' 사람이 품질에 대한 책임을 지는 다른 대량 생산 라인과 달리, TPS의 목표는 라인에서 품질을 충분히 만족스러울 정도로 유지해서 그 다음에 품질 검사를 할 필요가 없도록 만드는 것이다. 이 말은 모든 사람이 품질에 책임을 진다는 뜻이다.

TPS에서는 작업자 개개인이 일을 어떤 방식으로 하고 또 개선할까에 대해 많은 말을 할 수 있다. 낭비는 카이젠改善(지속적인 개선) 활동을 통해 제거된다. 작업자들이 품질 문제 또는 비효율성 등 낭비의 근원을 찾아낸다. 그런 다음, 솔선수범해서 문제를 분석하고, 실험해 보고, 결과를 표준화한다.

TPS에는 테일러주의 공장에서 발견되는 엄격한 사회적 계층화가 없다. 산업공학자도 자기 경력을 라인에서 일하는 것부터 시작하며, 그 후에도 언제나 상당히 긴 시간을 공장에서 보낸다. 엘리트 계급인 기술자들이 아니라 일반 작업자들이 일상적인 유지보수 작업을 수행한다. 별도의 품질 조직은 없다. 전체 조직이 품질 조직이다.

작업자들이 자기 작업물에 책임을 지는 까닭은 그들이 만든 부품이 라인의 다음 단계에서 즉시 사용되기 때문이다. 처음 이것에 대해 읽었을 때, 이런 식의 기능간의 직접적 결합이 내게는 완전히 반反직관적이었다. 나는 대량 생산 공장이 원활하게 돌아가려면 프로세스의 어떤 단계 사이라도 중간에 많은 부품 재고가 있어야 한다고 생각했다. 그래야만 생산 라인 위쪽 기계가 작동을 멈추어도 남은 부품들을 바탕으로 아래쪽 기계가 계속 돌아갈 수 있지 않겠는가.

TPS는 이것에 대해 발상을 완전히 뒤집는다. '작업 중work-in-progress' 부품의 재고가 많으면 개별 기계들은 더 원활하게 돌아갈지 몰라도, 전체 공장이 그만큼 잘 돌아가는 것은 아니다. 어떤 부품을 만든 즉시 사용한다면, 그 부품 자체의 가치뿐 아니라 위쪽 기계가 올바로 돌아가는지에 대한 정보도 얻을 수 있다. 이런 관점, 곧 부품은 단지 부품일 뿐 아니라 그것들의 제조에 대한 정보이기도 하다는 관점은 한 라인의 모든 기계를 원활하게 작동시켜야 한다는 압력뿐 아니라 기계들을 원활하게 작동시키는 데 필요한 정보들도 제공해야 한다는 압력이기도 하다.

TPS의 정신적 지도자인 오노 다이이치는 과잉 생산의 낭비가 가장 큰 낭비라고 말한다. 만약 어떤 물건을 만들었는데 그것을 팔지 못하면, 그 물건을 만드는 데 들어간 노력은 사라져 버린다. 공장 내부에서도, 라인에서 어떤 부품을 만들었는데 즉시 사용하지 않으면, 그것의 정보 가치는 증발해 버린다. 그리고 창고 비용도 있다. 부품을 창고로 운반하고, 창고에 있는 동안 기록을 관리하고, 끄집어 낼 때 녹슨 부분을 닦아내야 하는데다, 그 부품을 영영 사용하지 않을지도 모른다는 위험도 감수해야 하는데, 그럴 경우에는 계속 창고에 보관하는 비용도 지불해야 한다.

소프트웨어 개발은 과잉 생산의 낭비로 가득 차 있다. 금세 쓸모없어지는 두꺼운 요구사항 문서, 절대 쓰지 않는 정교한 아키텍처, 통합하지도 테스트하지도 않고 실제 출시될 환경에서 실행해 보지도 않은 채 몇 달이나 개발하는 코드, 아무도 읽지 않은 채 시간이 지나 부적절해지거나 혹은 잘못된 정보를 주는 문서가 그것이다. 물론 이런 모든 활동은 소프트웨어 개발에서 중요한 활동들이지만, 낭비를 제거하기 위해 필요한 피드백을 받으려면 우리는 이런 활동들의 결과물을 즉시 사용해야 한다.

예를 들어 요구사항 수집은 요구사항 수집 절차를 더 정교하게 만들 때 개선되는 것이 아니라, 요구사항 세부내용을 만드는 일과 명세된 소프트웨어를 배치하는 일 사이의 경로를 짧게 만들 때 개선된다. 요구사항의 세부사항을 즉시 사용한다는 말에는, 요구사항 수집이 정적인 문서를 만드는 어떤 단계가 아니라, 개발하는 내내 세부 내용이 필요하기 직전에 그것을 생산하는 활동이라는 뜻이 들어 있다.

TPS의 다른 많은 측면에서도 소프트웨어 개발과 커다란 유사점을 찾을 수 있다. 작업자들의 교차 훈련cross-training[2], 공장을 세포cell로 나누어 조직

2) 역자 주: 두 직종 이상의 일을 할 수 있도록 훈련하는 것

하기, 고객과 공급자 사이에 이익을 공유하는 계약을 작성하기 등의 유용한 개념들이 그런 유사점이다. 여러분이 관심을 느낀다면, 오노의 『Toyota Production System』[3]을 읽으며 공부를 시작할 것을 권한다.

3) 역자 주: 번역서로 '도요타 생산방식'(미래사, 2004년)이 있다.

20장

Extreme Programming Explained

XP 적용하기

5년 전 나는 프로그래밍 일을 더 잘 하면, 다른 사람이 나를 좋아하고 본보기 삼아 따라하리라 생각했다. 그러나 XP를 적용하는 일은 그렇게 간단하지 않음이 드러났다. XP는 복잡한 사회적 맥락 안에 위치하기 때문에, XP 기법을 적용하는 것만으로는 조직 통제권을 얻지 못하며, 심지어 여러분 자신의 프로젝트의 통제권조차 그렇다.

XP를 적용해서 극적인 결과를 보기까지는 시간이 걸리는데, 그 단위는 몇 주 정도가 아니라 몇 년이다. 처음 몇 주나 몇 달 동안에도 큰 개선 효과를 볼 수는 있다. 하지만 이런 개선 정도는 그 길을 따라 더 걸어갈 때 거둘 수 있는 훨씬 큰 도약의 무대를 마련하는 것일 뿐이다. 소프트웨어 개발에는 정말 낭비가 많다. 이런 낭비는 우리 행동보다는 우리의 믿음과 느낌에 더 뿌리를 내리고 있다. 이런 믿음과 감정들을 인식하고 이에 대응하려면 시간과 경험이 필요하다.

소프트웨어 개발 방식에 '채택adoption'이라는 단어를 적용하는 것은 모든 그릇된 함의를 낳는다. 어떤 소프트웨어 개발 방식을 취한다고 해서 이미 존재하는 여러분의 문제점을 덮거나 제거하지는 못한다. 여러분이 지닌 문제는 여전히 여러분 자신의 문제다. XP를 쓴다면 그 문제들을 해결하기 위한 새로운 환경을 얻게 될 것이다. 그러나 XP가 문제를 해결해 주는 것이 아니다. 여러분 자신이 자기 방법으로 자기 시간을 들여 XP 환경 또는 (어떤 프로세스를 쓰든) 여러분이 쓰는 프로세스의 환경 속에서 문제를 해결하는 것이다. 앞으로 몇 년 동안 어떤 방식으로 소프트웨어를 개발할지에 대한 청사진을 가지고 있을지도 모른다. 그러나 그때 가서 여러분은 자신만의 방식으로 소프트웨어를 개발하고 있을 것이다. 그 방식이 XP가 제공하는 미래상 같은 것에서 상당한 영향을 받았을지도 모르지만, 그래도 그것은 여전히 여러분 자신만의 방식이다.

XP를 시작하는 일은 자식을 입양[4]하는 일보다는 수영장에 들어가는 일과 비슷하다. 수영장에 들어가는 방법은 여러 가지다. 발끝부터 담글 수도 있고, 가장자리에 걸터앉아 다리를 첨벙거릴 수도 있고, 수영장 계단을 따라 내려갈 수도 있고, 매끄럽고 힘차게 다이빙할 수도 있고, 포탄 다이빙을 이용해서 엄청난 물소리를 내면서 주변 사람들에게 물을 다 튀길 수도 있다. 물 속에 들어가는 단 하나의 올바른 방법 같은 것은 없다.

4) 역자 주: 원문에서 사용한 단어인 'adopt'는 영어에서 채택과 입양 두 의미로 모두 쓰기 때문에 이런 비유에 무리가 없지만, 우리말에서는 그렇지 못하기에 채택과 입양으로 각기 달리 번역했다.

팀이 XP를 적용하기 시작한 후에는, 언제나 옛날 방식으로 돌아갈지도 모른다는 위험이 생긴다. XP를 잘 아는 프로그래머라도 여전히 실패하는 테스트를 먼저 작성하지 않은 채로 코드를 변경할지도 모른다. XP를 잘 알고 있으며 분명하고 정직한 의사소통의 이점을 경험해 본 관리자라고 해도 여전히 팀에게 모든 사람이 가능하다고 믿는 것 이상을 요구할지도 모른다. 극적인 개선을 본 조직이라도 스트레스가 쌓이는 환경에서는 옛날 방식과 낭비로 돌아갈지도 모른다. 옛날 방식의 효과가 어땠는지는 상관 없이 옛 방식으로 돌아가는 일은 흔히 일어난다.

조직 차원에서 옛 방식으로 복귀하는 일은 더 대응하기가 힘든데, 그것이 팀의 통제 범위를 벗어난 일이기 때문이다. XP 팀은 일을 훌륭하게 하고, 추가 스트레스나 추가 시간 없이도 원래 요구받은 것보다 더 많은 기능을 제 시간에 배치하는데 결함 수는 아주 적다. 다른 팀은 밤샘 작업을 하고, 마지막 순간에 범위를 난폭하게 축소하고, 결함이 눈보라처럼 흩날리는 가운데 제품을 배치한다. 그러나 조직이 다운사이징할 때 해고되는 팀은 XP 팀이다. 그 까닭은 다른 팀이 더 '헌신'한 듯 보였기 때문이다. XP 팀의 작업 방식은 남다르기 때문에, 사회적으로나 정치적으로 부정적인 모양으로 눈에 띄기 쉽다. XP 팀은 조직 전체의 목표를 달성하기 위한 자신들의 헌신을 강조하고, 이 작업 방식이 그 목표를 이루는 데 어떻게 기여하는지 보여줄 필요가 있다.

조직 내에서 XP를 옹호해 줄 임원 후원자를 찾아놓으면 새로운 작업 방식으로 옮겨가는 동안 여러분의 회사 안 상호작용이 원활해진다. 그리고 여러분 뒤를 받쳐주는 사람에게 상황을 설명해줄 책임이 있다. 조직 높은 곳에서 지원을 받지 못한다면, 여러분 팀의 인간관계와 높아진 생산성에 대한 자신의 충족감만으로 만족해야 할 것이다.

조직의 변화를 시작하는 방법은 여전히 여러분 자신부터 변화를 시작하는 것이다. 자신의 변화는 언제나 여러분의 힘 아래 놓여있다. 먼저 자기 기술을 발전시킨 다음, 그 기술로 다른 사람을 도우라. 시범을 보여 사람들을 이끄는 방식은 사람들을 지도하는 강력한 방식이다. '실용주의 프로그래머'[5]인 데이브 토머스Dave Thomas와 앤디 헌트Andy Hunt는 이 전략을 보여주는 훌륭한 사례다. 나는 최근에 어떤 기술 지도자와 이야기를 나누다가 프로그래머들이 자동화된 테스트를 작성하는 일에 전폭 찬성한다는 말을 들었다. 나는 말했다. "좋네요. 그럼 JUnit[6]을 써보셨습니까?"

"아, 아뇨. 나는 테스트를 작성한 적 없어요. 그냥 그게 멋진 아이디어라고 생각할 뿐이지요."

스스로 시도하고 싶지 않는 일을 다른 사람이 하기를 기대하는 것은 무례할뿐더러 효과도 없다. 자신은 감수하지 않으려는 위험을 다른 사람에게 감수하라고 요구하는 일은 여러분의 인간관계에 해를 끼치고 팀의 응집성을 파괴한다. 권위와 책임의 이런 잘못된 연결은 불신을 초래한다. 그리고 여러분은 학습, 피드백, 자기 개선의 기회 역시 잃을 것이다.

기술을 배운 다음, 그 기술로 다른 사람을 돕는 전략은 여러 차원에서

5) 역자 주: 같은 이름의 책(인사이트 발간) 참조.

6) 역자 주: 자바용 단위 테스트 프레임워크

통한다.

- 여러분이 '테스트 우선 프로그래밍'을 익힌 다음, 그것을 팀과 공유한다.
- 여러분 팀이 스토리 단위로 추정하고 개발하는 법을 익힌 다음, 내부 고객을 초대해서 스토리들을 고르라고 한다.
- 여러분 조직이 탄탄한 소프트웨어를 예측가능하게 배치하는 법을 익힌 다음, 외부 고객을 초대해서 계획 짜기의 일부가 되라고 한다.

어느 경우든, 여러분이 보이는 제스처는 똑같다. 먼저 자신을 변화시킨 다음, 그 변화의 열매를 다른 사람들에게 제공하라. 두 단계 모두 가치를 창조한다. 내가 변했다면, 그것은 나를 개선할 어떤 방법을 찾았기 때문이다. 내가 새로운 기술을 고객들에게 제공할 때, 나는 그런 이익들을 전수한다.

'지속적인continuous' 개선이란 단어는 약간 잘못 지은 이름이다. 이 말의 의미는 지속적인 깨어있음, 피드백을 수용하기, 개선에 대해 열린 마음이다. 어떻게 개선해야 할지 먼저 알아야 하며, 개선은 그 다음에 찾아온다. 여러분은 어떤 변화를 만들고, 그 결과를 관찰한 다음, 변화를 소화해서 탄탄한 습관으로 바꾼다. 그러다가 언젠가는 개선의 진도가 잘 나가지 않는 상태에 빠질 텐데, 그때에는 더 많은 피드백을 흡수하면서 다음 도약 기회를 모색하라(그림 23).

그림 23. '지속적인' 학습은 사실 지속적이지 않다.

그림 24. 학습은 쭉 뻗은 선이 아니다.

어떤 경우에는, 새로운 실천방법을 시도했더니 여러분의 수행 능력이 오히려 떨어지는 것을 발견할 수도 있다(그림 24).

그렇게 되었다고 해서 개선이 불가능하다거나, 여러분이 시도한 실천방법이 본래부터 나쁜 것은 아니다. 이 현상은 여러분이 아직 그것을 써볼 충분한 경험을 쌓지 못했음을 의미한다. 새 실천방법을 잘 하는데 필요한 숨겨진 선행 조건을 여러분이 아직 갖추지 못했기 때문에 아직 그것을 할 준비가 되지 않은 것일지도 모른다. 다시 뒤로 돌아가 숨어 있는 문제들을 해결한다. 나중에, 문제 되는 실천방법이 여러분 개선 목록의 맨 위에 다시 등장하게 되면, 이번에는 여러분이 준비가 되어 있을 것이다.

개선의 경로는 평탄하지도, 예측하기 쉽지도 않다. 이것은 개선의 시작 환경과 개선 과정의 경로 자체 둘 다에 민감하다. 어떤 팀에게는 마술처럼 효과 있는 실천방법들의 적용 순서가 다른 팀에게는 재앙이 될지도 모른다.

여러분에게 개선의 경로가 언제나 느리고 고통스럽다는 인상을 주고 싶지는 않다. 나는 몇 주 만에 변하는 팀들을 보았다. 빠른 전환을 촉진하는 조건은 다음과 같다.

- **잘 합의된 가치들**. 팀과 조직이 기꺼이 XP의 가치들을 받아들이고 그 가치들을 따라 일하려고 한다.
- **고통**. 팀이 최근에 배치 실패나 해고 같은 상실을 겪었다. 최근 겪은 고통의 뚜렷한 기억은 사람들이 급격한 변화 시도를 더 잘 받아들이도록 한다.

그림 25. 급격한 학습

빠른 개선의 경로는 극적이고 단절되어 보일지 모른다. 하지만 사실 이런 경로 역시 일반적인 물결 모양의 경로인데 팀이 변화를 무척 잘 수용하기 때문에 그것이 압축되어 나타나는 것일 뿐이다(그림 25).

급격한 변화를 위해 이런 조건들을 강요하는 것은 윤리에 어긋난다. 하지만 여러분 스스로 이런 상황에 놓여 있음을 발견한다면, 겉으로 보기엔 기적으로 보이는 변화를 달성할 기회를 잡은 것이다. 이것은 마술이 아니다. 단지 일반적인 일이 매우 빠르게 일어나는 것일 뿐이다.

코치 고르기

'코치' 라는 단어에는 팀의 일부가 되는 것과 독립적인 시야를 가지는 것 사이의 균형을 잡는다는 의미가 들어 있다. 처음에는, 코치가 개선할 기회들을 발견하고 그 기회를 제대로 잡을 실험들을 이끄는 역할을 한다. 코치는 경험과 시야를 지니고 있으며, 그룹 내 일상적인 역학 관계의 그물에서 자유로운 존재다.

경험 있는 코치 없이도 XP를 성공적으로 적용할 수 있다. 그런 일을 해낸 팀들이 많다. 코치의 경험과 시야로부터 이익을 얻지는 못하겠지만, 직접 적용해가면서 배우면 된다. 하지만 XP 적용은 지도력(팀 내부에 존재하든 외부에 존재하든)의 존재 없이는 일어날 수 없다.

XP의 가치, 원칙, 실천방법들은 예를 통해 배우는 것이 가장 좋기 때문이다. 여러분은 XP의 가치, 원칙, 실천방법들을 실수를 저질러 본 사람에게서 배우거나 여러분 스스로 실수를 저질러 봄으로써 배울 수 있다. 나는 이 두 가지 방식을 모두 경험했다. 사람들은 나와 짝 프로그래밍하고는 이렇게 말한다. "나는 테스트 우선 프로그래밍이 뭔지 안다고 생각했는데, 지금에서야 제대로 이해했네요. 진짜로 변경을 가하기 전에 그때마다 작은 테스트를 작성하는군요." 나 역시 빈번한 릴리즈를 이해한다고 생각하다가, 매일 배치를 하는 어떤 팀에서 일하면서 일종의 '아하' 하는 경험을 한 적이 있다. "그러니까 진짜로 새로운 소프트웨어를 매일 배치하는구나." 어떤 말의 의미를 이해했다고 정말 그것을 이해했다고 할 수는 없다. 코치는 여러분의 학습 속도를 끌어올릴 수 있다.

코치는 의사소통에서 병목이 어디인지 알아채고 그것을 해결한다. 그리고 팀이 두려움에 사로잡혀 있을 때, 단순한 일부터 실천하라고 일깨워 준다. 또 팀이 실천방법들을 사용하도록 자극한다. 이를테면 이런 식이다. "그것을 위한 테스트 아직 작성하지 않았어요?" 코치는 효과적인 가치와 실천방법들의 본보기가 된다. 코치는 전체 프로세스에 책임을 지며, 팀이 지속가능한 속도로 일하고 개선을 지속하도록 지탱한다. 코치는 자신이 관찰한 바를 의사소통해서 팀이 문제를 생각하고 해결에 착수할 수 있도록 한다.

코치를 선택하는 일은 중요하고도 어려운 결정이다. 코치가 효과를 발휘하려면 그가 여러분의 기존 가치와도 잘 맞아야 하지만 XP의 방향으로 계속 이끌기 위해 XP의 가치도 굳건히 지키는 사람이어야 한다. 코치는 사람들이 자력으로 쉽게 배울 수 없는 것을 그들에게 가르칠 기술적 능력이 충분해야 한다. 마지막으로, 그리고 가장 중요한 점으로, 코치는 의존성이 아니라 독립성을 북돋워야 한다. 좋은 코치는 여러분이 준비가 다 되었다고 느끼기 조금 전에 떠나며, 그 자리에 남는 팀은 지속가능하고, 수익을 내고, 안정되고, 빠르고, 재미있는 소프트웨어 개발로 가는 경로에 자신들이 확고히 서 있음을 깨닫게 된다.

언제 XP를 쓰지 말아야 하는가

XP는 조직의 진짜 가치가 XP의 가치와 어긋날 때에는 효과를 내지 못한다. 내가 '진짜 가치' 라는 말을 쓴 까닭은, 많은 조직이 스스로 공언하는 가치와 다르거나 반대되는 가치들을 행동으로 드러내기 때문이다. XP의 실천방법들은 특정한 가치 집합을 표현하고 강화하는 것이 목적이다. 조직의 실제 가치가 비밀, 고립, 복잡성, 소심함, 무례라면, 갑자기 새로운 실천방법 집합을 통해 반대 가치를 표현하다가는 개선을 만들기보다 문제를 일으킬 것이다.

21장

Extreme Programming Explained

순수성

'우리 팀이 익스트림한가요?' 는 자주 듣는 질문 가운데 하나다. 사람들은 '익스트림성'을 측정하려고 다양한 도표와 측정치를 고안해 냈다. 반성의 도구로 사용한다면 그것에는 의미가 있다. 그러나 10점이 5점보다 두 배 좋다는 식의 점수 매김 방식으로 사용한다면 이것들은 말도 안 되는 것이다. '우리 팀이 익스트림한가요?' 물음에 '예/아니오' 대답이나 수치화된 대답을 기대하는 것에는 아무 의미가 없다.

나는 텍스-멕스 음식[7]을 좋아한다. 텍스-멕스 음식을 만든다고 광고하는 음식점을 보면, 나는 그들에게서 무엇을 기대해야 할지 대강 안다. 양념이 강하게 들어간 요리, 푸짐한 고기, 콩이다. 만약 음식점에서 (내 딸이 취리히에서 경험한 것처럼) 토마토소스를 친 눅눅한 토틸라, 스위스 치즈, 피클을 내놓는다면 나는 실망할 것이다. '텍스-멕스 음식을 판다고요? 정말 텍스-멕스 음식을 파나요?' 는 내가 무엇을 받게 될지에 대한 기대치를 설정하기 때문에 중요한 질문이다.

'우리 팀이 익스트림한가요?' 질문도 마찬가지다. 여기에는 '예/아니오' 의 대답이 없다. 누군가 내게, "우리 팀은 여기랑 보스턴으로 나뉘어 있는데, 그것 말고는 XP의 실천방법 목록에 있는 것을 다 해요. 그래도 XP인

7) 역자 주: 텍사스에서 쉽게 구하는 재료를 멕시코식으로 조리한 요리

가요?" 라고 묻는다면, 나는 맞다고도 아니라고도 할 수 없으며, 내 판단이 중요한 것도 아니다. 팀원들이 스스로 이치에 맞다고 느끼는 모든 일을 지속 가능한 방법으로 하는가? 이게 바로 진짜 질문이다. 하지만 이 질문에 대답할 수 있는 사람은 오직 그들 자신뿐이다.

이론으로 보면 XP는 여러분이 한 자리에 함께 앉는다면 더 좋은 결과를 보리라 예측한다. 그러나 그렇게 하지 않아도 이미 팀은 꽤 괜찮은 결과를 보고 있을지도 모른다. 그렇다면 진짜 XP든 아닌 XP든 잘 하고 있는 것이다. 만약 더 많은 개선을 원한다면, 함께 앉는 시간을 어느 정도 마련하거나 아예 언제나 함께 앉음으로써 얼굴을 맞대고 하는 의사소통을 늘릴 수 있다. 여러분이 이미 사용하는 실천방법들을 강화하라. 또는 XP 바깥 분야, 예를 들어 사용성usability, 팀워크/의사소통, 인적 자원, 마케팅, 판매 분야의 실천방법들을 시도해 보라.

이 말이 소프트웨어를 개발하는 옛날 방식도 (아니면 아예 어떤 방식도 쓰지 않던 상황도) 모두 익스트림하다는 뜻은 아니다. 지침, 도전, 책임감을 제공하기 위해서 여전히 가치, 원칙, 실천방법들이 존재한다. "서로 잘 협력하지 못한다면, 여러분의 인간관계와 수행 능력을 개선할 수 있는지 보기 위해 이런 일들을 해보는 것을 고려하라." 만약 XP를 핑계 삼아 문서 작성을 그냥 그만둔다면, 공동체에서는 여러분의 행동에 대한 해명을 요구할 것이다. "우리는 익스트림하니까 문서 같은 거 작성 안 해."라고 호전적으로 말하는 것은 의사소통에 대한 경멸일 뿐이지 의사소통을 가치로 포용하는 행동이 아니다.

어떤 사람이나 팀이 익스트림한지 '예/아니오'로 판별할 수 있는 시험은 없다. 많은 팀이 서로 다른 가치, 원칙, 실천방법들을 가지고도 성공적으로 소프트웨어 개발을 통해 가치를 창출한다. 팀이 XP를 하고 실패한다면, 그것은 팀이 순수한 폭포수 모델을 사용해서 성공하는 것보다 좋지 않은 일이다. 우리의 목표는 성공적이고 만족을 주는 인간관계와 프로젝트이지, XP 클럽 회원이 되는 게 아니다.

여러분 팀이 익스트림하다고 말하는 행위는 여러분의 의사소통 방식, 개발 실천방법들, 결과를 내놓는 속도와 그 품질에 대한 다른 사람들의 기대치를 설정하게 된다.

인증과 인가

이것과 동일한 일반적인 주제에 들어가는 다른 문제는, 개인 또는 팀의 인증certification 문제다. 인증이라는 절차에서, 인증서를 수여하는 기관은 인증을 받는 개인의 적합성에 자신의 평판을 걸며, 인증 받은 사람에 대한 일종의 책임을 받아들인다. 만약 의사협회에서 인증을 받은 의사가 사실 능력이 없는 것으로 드러난다면, 협회에 대한 신뢰성이 사라진다.

컴퓨터 분야에서 이 정도까지 나아간 인증은 아직 없다. 누가 다른 사람의 개발 관련 결정들에 대해 법적 책임을 지고 싶겠는가? 그러나 인증기관이 자기의 인증을 기꺼이 뒷받침하지 않는다면, 그 기관은 단지 인증서를 찍고 돈을 받는 일을 할 뿐이다.

그래도 어떤 사람이 적절한 만큼 XP에 숙련되어 있는지 그 사람 말만 믿지 않고도 판단할 방법은 필요하다. 인맥을 통한 비공식 추천망은 이미 존재하지만, 누구에게 물어보아야 할지 모르면 소용이 없다.

라 레체 리그La Leche League, LLL에서 모유를 먹이는 어머니들을 위한 정보 모임을 이끌 지도자를 인가할 때 사용하는 방법은 매력적이다. 이 모델에서는 두 당사자가 자신들의 행동에 대해 완전한 책임을 진다.

인가accreditation란 당신이 자신은 누구라고 스스로 주장하는 바에 대해 양자(인가를 받는 자, 하는 자) 모두 동의한다고 공개적으로 인정하는 것이다. 라 레체 리그에서 인가의 관건은 지도자 개개인이 존중하는 가치가 다른 어머니들을 돕는다는 조직 목적과 일치하는가다. LLL 리더 지원자는 기존 리더가 자신을 초청해주는 것에서부터 시작한다.

지원자를 초청한 지도자와 자원한 인가자accrediter는 함께 지원자를 멘토

링하고 지식과 기술을 평가한다. 이 절차에는 다음과 같은 것이 포함된다.

- 모임을 이끌 때 필요한 기술적, 사회적, 조직적 기술에 대한 지원자의 지식을 평가하기.
- 지원자와 함께 모임을 이끌어 보고 그녀의 성과를 비평하기.
- 모유 주기와 자녀 양육에 대한 지원자의 경험을 반영하여 지원자가 쓴 글을 검토하기.
- 다른 지도자들과 사회적 상호작용하기.
- 지역별 콘퍼런스에서 그룹에 공개적으로 소개하기.
- 격려하기와 지원하기.

이 모델은 현재 컴퓨터 분야에서 사용하는 모델보다 인증에 훨씬 효과적인 방법이다. 인증에 공식성과 엄격함의 장식이 얼마나 달려 있든 당연히 주관적일 수밖에 없다. 결국에는, 여러분이 XP의 가치를 지키고 여러분의 일상 실천방법들에 XP의 원칙을 주입한다면 여러분은 엑스퍼XPer다. 엑스퍼들은 공동체 안에서 서로 인식한다. 이런 절차를 공식화할 수 있다면, 우리가 우리 비즈니스, 곧 세상이 소프트웨어 개발에 대해 생각하는 방식을 바꾸는 사업을 진행할 때 XP의 존재감을 더 뚜렷하게 부각하고, 고용인/피고용인이 서로 기대를 맞추는 일을 돕고, 서로 지도자로 멘토링하고 지원할 수 있는 길이 생길 것이다.

22장

Extreme Programming Explained

해외 개발

해외 개발offshore development은 소규모 팀이 같은 장소에 함께 앉아 일한다는 XP의 '최적 조건sweet spot' 이 아닌 상황에서 XP의 가치, 원칙, 실천방법들을 어떻게 적용할까에 대한 사례 연구가 된다.

나는 '해외offshore' 라는 낱말의 정치적, 인종적 함의, 곧 임금을 많이 받는 백인이 저임금의 유색인종을 이용한 다음 '그들'이 '우리' 일자리를 빼앗아간다고 불평한다는 의미[8]를 좋아하지 않는다. '해외'에는 힘의 불균형이 내포되는데, 이런 종류의 불균형은 소프트웨어 개발을 궤도에서 쉽게 탈선시킬 수 있다. 나는 여기에서 '다중 사업장multi-site' 이라는 용어를 사용할 것인데, 그 까닭은 XP가 지리적으로 분산된 어떤 팀에게든 비슷하게 적용되기 때문이다.

8) 역자 주: 영어 단어 off-shore에는 이런 뉘앙스가 있다.

한 프로젝트를 여러 사업장에서 작업하게 되는 이유는 많다. 임금 격차는 그 이유 가운데 하나일 뿐이다. 데이터베이스 쪽 사람들은 토론토에 있고 전기통신 쪽 사람들은 덴버에 있을 수도 있다. 다중 사업장 개발을 고려하는 이유가 어떤 것이든, 결국에는 다음과 같은 사업적 결정을 내려야 한다. 즉, 한곳에 있지 않아서 생기는 낭비가 다른 이익들을 넘어서지 않는지 저울질하는 것이다.

함께 앉는 팀이 아니라 다중 사업장이라고 XP의 가치들이 부적합해지는 것은 아니다. 거리 때문에 자연스레 분리되므로 피드백을 오히려 더욱 긴밀하게 포용해야 한다. 얼굴을 맞대고 모든 경로를 통해 의사를 전달하는 상호작용이 불가능하므로 의사소통도 더욱 북돋워야 한다. 과잉된 복잡성을 우연히 발견할 기회가 더 적어지므로 단순성을 달성하려면 더욱 열심히 노력해야 할 것이다. 용기는 다른 어떤 환경에서도 그렇듯이 여기서도 중요하다. 모든 사람을 존중하는 것은, 문화와 생활양식이 차이 나므로 분산된 팀에서 더욱 중요하다.

다중 사업장 프로젝트에서는 실천방법 가운데 일부를 수정해야 한다. 예를 들어, 계획 짜기는 일주일 간격보다 자주 해야 하는데, 서로 대화하고 있다는 느낌을 유지하고 한 사업장이 다른 사업장이 해야 하는 일을 지시하는 상황을 피하기 위해서다. 실천방법들이 실행하기 어렵다고 포기하지 않도록 주의하라. 단일 코드 기반은 연결 지점이 되므로 함께 앉는 사업장보다 다중 사업장에서 더욱 중요하다. 팀이 동일한 프로그램을 대상으로 계속 함께 작업할 수 있도록 하다가 어떤 기술 장애가 생기든 그것을 극복하기 위해 노력하라.

원칙들을 살펴본다면, 다중 사업장 개발이라는 전체 문제에서 상호 이익의 원칙이 가장 큰 의미를 지니는데, 한 사업장에서 다른 사업장으로 일자리가 옮겨가는 경우라면 특히 그렇다. 관련된 모든 사람에게 가장 이익이 되는 결과는 어느 장소의 프로그래머에게도 (상대적으로) 보수가 충분한 일자리와, 소프트웨어가 너무나도 가치 있기에 훨씬 많은 소프트웨어를 위해 돈을 기꺼이 지불하려 드는 기쁨에 찬 고객이다. 일자리는 낮은 임금을 찾아 이동하지 않는다. 일자리는 성실성과 책임감을 찾아 이동한다. 만약 시간대가 많이 떨어진 다른 회사에서 성실성과 책임감을 더 잘 보여준다면, 고객은 그들과 의사소통하는 어려움에 따르는 대가를 기꺼이 지불할 것이다. 소프트웨어 산업이 더 많은 가치를 더 적은 비용으로 창출하는 법을 배운다면, 수요의 증가는 어느 한 장소에서 일시적으로 사라지는 일자리 수를 메우고도 남을 것이다.

고비용 기반 지역에서 생존하기 위해서는 더 나은 효율성, 성실성, 책임성이 필수다. 프로젝트 하나에 책임감도 없는 비싼 계약자가 100명이나 붙어 작업하던 시절은 갔다. 똑같은 프로젝트를 책임감 있고 효율적인 프로그래머 열 명이 수행해야 하는데, 그것을 못한다면 그 일은 다른 곳으로 떠날 것이다. 고비용 지역에서 기술자가 계속 고용되려면 극적인 개선이 필요하다. 고비용 기반 팀은 직접적인 의사소통의 힘이 가장 가치를 발휘하는, 효력이 높은high-leverage 프로젝트에 초점을 맞추고, 효율성도 개선해 다른 장소에서 비슷한 프로젝트를 수행하는 것과 전반적인 비용이 비슷하게 들도록 만들어야 한다.

이들과 경쟁하려면, 저비용 기반 팀들도 그들이 창출하는 가치를 증가시켜야 한다. 업무능력 성숙도 모형Capability Maturity Model과 같은 테일러주의식 개선 프로그램의 기술적, 마케팅적 이점은 거의 효력이 다했다. 어떤 문제에 수많은 사람을 투입할 수 있다고 해서 그것이 그 문제를 푸는 가장 수익성 높은 방법이라는 뜻은 아니다. 많은 노동자 수에 중독된 조직들은 처리량throughput을 늘리면서 차츰 팀 규모를 줄일 필요가 있다.

여기에 전 세계적 소프트웨어 개발의 미래에 대한 두 가지 시나리오가 있다. 첫 번째 시나리오에서는, 고비용 기반 국가들이 예전 방식으로 프로그래밍할 수 있도록 정치권력을 끌어들여 시계 바늘을 멈추려고 시도한다. 저비용 기반 국가들은 자신을 개선할 아무런 유인동기도 갖지 못한다. 소프트웨어 개발은 정체한다. 두 번째 시나리오에서는, 전 세계의 프로그래머들이 소프트웨어 개발의 낭비가 어떤 형태로 나타나든 그것들을 제거하려고 애쓴다. 기업들은 믿을 만하고 효율적이고 비용도 적게 드는 새로운 세대의 소프트웨어를 새롭게 사용할 곳을 많이 발견한다. 소프트웨어 세계 시장은 붐을 일으킨다. 모든 국가에서 십 년 전보다 더 많은 프로그래머들을 고용한다.

개선은 지나간 결론이 아니다. 소프트웨어 개발은 개선이 느릿느릿 진행되는 현재 경로에 머무를 수도 있다. 그러나 극적인 개선이 없다면, 소프트웨어 세계 시장은 제조업과 생명공학 분야에서 더 매력적인 투자처가 발견됨에 따라 정체하게 될 것이다. 기능craft으로서 그리고 사업으로서의 소프트웨어 개발을 앞으로 50년 동안 북돋기 위해, 프로그래머가 세계 어디에 있든 모든 프로그래머가 훨씬 가치 있는 소프트웨어를 만들어내자는 도전을 받아들이기를 나는 희망한다. 나는 효율성 증가와 다중 사업장 개발 때문에 어떤 곳에서 일자리 손실이 생기든 시장이 커져서 그것을 메우고도 남으리라고 믿는다.

23장

Extreme Programming Explained

시간이 지나도 변치 않는 프로그래밍 방식[9)]

건축가 크리스토퍼 알렉산더Christopher Alexander는 사람들이 자신을 위해 자신의 기후와 문화와 자기 필요에 유일하게 꼭 맞는 공간을 설계하고 짓는 법을 알았던, 그리 오랜 옛날은 아닌 시절에 대해 이야기했다. 나는 자라면서 목수였던 증조할아버지 이야기를 들었다. 식구가 새 도시로 이사할 때마다, 증조할아버지는 즉시 여러 가지 일을 하면서 돈을 모았다고 한다. 돈을 충분히 모으면, 목재를 사서 집을 지었다. 내 증조할아버지는 건축가architect 훈련을 받은 적이 없었지만 가족에게 맞는 집을 설계할 줄 알았다. 알렉산더는 건축가의 이해관계가 의뢰인의 이해관계와 일치하지 않는다는 점을 지적했다. 건축가는 일을 빨리 끝내거나 건축상을 타고 싶을 뿐, 핵심 정보를 놓치고 있다. 그 정보는 바로 의뢰인이 어떻게 살기를 원하는가다. 공간을 설계하는 권력을 거기에서 자신의 삶에 가장 많은 영향을 받는 이들에게 돌려주는 것이 알렉산더의 꿈이었다.

알렉산더는 이 목표를 이루기 위한 수단으로 건축의 패턴을 수집해서, 집을 설계하고 지을 때 반복해서 일어난다고 알려진 문제점에 대한 좋은 해결 방법으로 정리했다. 패턴은 절대로 그 자체가 목적이 아니었으며, 전문 설계가와, 설계된 공간에서 살며 일할 사람 사이에서 힘의 균형을 잡는 수단

9) 역자 주: 원문은 'Timeless Way of Programming'. 크리스토퍼 알렉산더의 책 『Timeless Way of Building』에서 따온 제목.

이었다.

그래도 알렉산더의 꿈에는 여전히 건축가를 위한 역할이 남아 있다. 어떤 프로젝트라도 지루할 만큼 예측 가능한 문제들만 생기지는 않으며, 그 프로젝트에 독특한 문제도 생기기 마련이다. 살아 있는 공간을 설계하는 열쇠는 그 공간의 사용자들이 지니는 개인적 선호와 사회관계에 대한 깊은 이해와 건축사의 깊은 기술적 이해를 만나게 하는 것이다. 이 두 관점을 하나로 조화롭게 합쳐 어느 쪽이 다른 쪽을 지배하지 않도록 한다면, 인간적 욕구도 충족하면서 빗물도 들어오지 않는 공간을 설계하고 건축할 수 있다.

소프트웨어 개발 분야에서 일하기 시작하면서, 나는 알렉산더가 건축 분야에서 맞서 싸웠던 똑같은 힘의 불균형을 발견했다. 나는 공학이 왕이었던 실리콘 밸리에서 자라났다. '그것이 필요하다는 것을 당신이 모른다고 해도, 우리가 당신에게 필요한 것을 주리라'가 흔히 명시적으로 표현되기까지 했던 좌우명이었다. 이런 식으로 작성한 소프트웨어는 기술 면에서는 뛰어나도 효용 면에서는 부족하곤 했다.

경험을 더 쌓으면서 나는 반대 상황의 불균형도 보게 되었는데, 비즈니스의 관심사가 개발을 지배하는 상황이 그것이다. 비즈니스 이유에 따라서만 설정된 마감일과 기능의 범위는 팀의 성실성integrity을 유지하지 못한다. 사용자와 발주자sponsor의 관심사도 중요하지만, 개발자들의 욕구 또한 정당한 것이다. 셋 다 서로 정보를 나눌 필요가 있다.

XP를 만들면서 처음에 나는 프로그래머들에게 치우쳐 생각했다. 내 배경이 프로그래머이기 때문이다. 나는 팀에 있을 때 나 자신을 프로그래머로 생각한다. 하지만 지난 5년 동안 나는 탁월함을 목표로 삼는다면 소프트웨어 개발을 '프로그래머들과 기타 등등의 사람들'로 봐서는 안 된다는 점을 배웠다. 관련된 모든 사람의 관심사들 사이에서 균형을 잡지 않는다면 어떤 사람들은 개발에 기여하지 못할 텐데, 그들의 관점도 팀의 성공에는 중요하다. 이제 내 목표는 팀이 기술 쪽의 관심사와 비즈니스 쪽의 관심사를 조화시킬 수 있도록 돕는 것이다.

조화와 균형은 XP의 목표다. 테스트를 작성하는 일은 그 자체만으로도 좋은 일이지만, 이것은 사실 더 큰 과업을 이룰 준비일 뿐이다. 그 과업이란 소프트웨어로 돈을 벌기 위해 한데 모인 다양한 사람들 사이에 튼튼한 관계를 길러내는 것이다. 마음의 변화 없이는, 세상의 모든 실천방법과 원칙들도 단지 작고 단기적인 이익만 만들 뿐이다. 여러분과 여러분 팀에 속한 다른 사람들은 동일한 운명을 공유한다. 정말 그렇게 행동한다면 여러분도 그것을 믿게 될지도 모른다.

결국 알렉산더는 공간의 설계자와 사용자 사이에서 힘의 균형을 이루려는 시도에서 실패했다. 건축가들은 자기 힘 가운데 어느 것도 포기하고 싶어 하지 않았고, 의뢰인들은 어떤 것도 요구할 줄 몰랐다. 그러나 프로그램은 건축물이 아니고 소프트웨어 개발은 건축이 아니다. 우리가 쓰는 재료는 그들이 쓰는 재료가 아니며 우리의 사회 구조는 몇천 년 간 확립된 관계로 고정되어 있지 않다. 소프트웨어 분야에 있는 우리들에게는 기술적 훌륭함과 비즈니스적 미래상을 합쳐서 독특한 가치를 지닌 새로운 제품과 서비스를 만들어 내는 새로운 사회 구조를 만들 기회가 있다. 이것이 우리의 이점이다.

XP는 강력한 프로그래머들, 곧 안정적인 소프트웨어를 빨리 추정하고, 구현하고, 배치할 수 있는 프로그래머들의 성장에 의존한다. 이 프로그래머들은 비즈니스적 의사 결정을 팀의 비즈니스 지향적인 부분에 넘긴다. 팀 내부에서 이렇게 힘과 책임을 알맞게 공유하는 일이 너무나 유토피아적인 생각으로 보일지도 모른다. 이런 균형의 전제 조건은 상호 존중이다. 절대적 힘이란 없다. XP의 힘은 잘못 사용될 경우 증발한다. 조작된 추정치 하나마다, 자부심 없이 일을 급히 할 때마다 팀은 그만큼 그 팀의 잠재력에서 멀어진다. XP는 임원, 관리자, 고객을 포함한 팀원 개개인이 일에 완전히 헌신하고 자신이 할 수 있는 것을 기여하는 행동에 의존한다. 함께 일하는 팀은 각 구성원이 혼자 노력한 것을 합친 것 이상을 이룩할 수 있다. 힘을 공유하는 것은 이상적인 생각이 아니라 실용적인 생각이다.

소프트웨어에서 잠재력을 실현하려면 팀워크가 필요하다. 컴퓨터 분야의 첫 50년은 꽤 잘 흘러갔다. 그러나 나는 다음 세기는 컴퓨터가 아니라 생명공학의 세기라고 예측하는 여러 강연을 들었다. 컴퓨터 분야는 단지 지원하는 역할로 내려앉게 되리라는. 나는 소프트웨어 비즈니스를 지금처럼 계속할 경우 이 말이 맞게 되리라고 믿는다. 우리 소프트웨어 도구와 기술이 느리게만 발전한다면, 생명공학은 곧 사회, 경제 변화의 주도자 역할을 소프트웨어에게서 빼앗을 것이다.

도구와 기술들은 자주 바뀌지만, 많이 바뀌지는 않는다. 하지만 사람은 천천히 바뀌지만 그 변화의 깊이가 깊다. XP의 도전은 깊은 변화를 북돋우고 개인의 가치와 상호 관계를 새롭게 바꾸어 소프트웨어에게 다음 50년 동안 참여할 자리를 만들어 주는 것이다. 인간 정신의 잠재력을 해방시킨다면 그것은 컴퓨터 분야에서 아직 상상하지도 못한 미래로 우리를 이끌어 줄 것이다.

24장

Extreme Programming Explained

공동체와 XP

힘이 되어 주는 공동체는 소프트웨어 개발에서 귀중한 자산이다. 그 공동체가 팀 자체건, 같은 지역에 있는 생각이 비슷한 소프트웨어 개발자들이건, 전 세계 공동체건 상관없이 언제나 그렇다. 공동체는 여러 문제에 대해 목소리를 내거나 경험을 공유하기에 안전한 장소를 제공한다. 또 내게 공감하고 귀 기울여 주는 사람을 발견하기에도, 동시에 경청이라는 재능을 발휘하기에도 좋은 장소다.

공동체가 중요한 까닭은 누구나 어느 시점에는 도움이 필요하기 때문이다. 관계는 실험을 하기에 안전하고 안정된 장소를 제공해준다. 여러분은 자신의 새로운 경험을 다른 사람들과 더불어 점검해서 여러분이 느끼는 불편함에서 어느 정도까지가 변화에 대한 정상적인 반응인지 알아낼 수 있다. 반대로, 공동체의 어떤 사람에게 다른 관점이 필요할 경우, 여러분은 귀를 기울인 다음, 요청이 있다면 자기 의견을 제시할 수도 있다.

귀 기울이기는 공동체에서 말하기보다 훨씬 더 중요한 기술이다. 공동체에서 개방적이고 정직한 의사소통이 일어나려면, 참여자들이 안전감을 느끼고 자신이 이해받는다고 느껴야 한다. 어떤 때에는 화자가 원하는 것은 단지 자기 말을 들어주는 것뿐인 경우도 있다. 불평하기, 쏟아내기, 감정을 배출하기, 자신의 똑똑함을 뽐내기, 그밖에 뭐라고 부르든, 여러분 말에 대한 반응으로 여러분이 요청한 적도 없는 충고가 격류처럼 흘러내린다면, 그 공동체는 안전한 곳이 아니다. 어떤 사람이 마음속 깊숙이 있는 말을 하려고 할 때에는, 말하기에 안전하다는 것과 자기 말이 받아들여지리라는 것을 확신할 수 있어야 한다.

공동체는 또한 함께 공부하는 장소가 되기도 한다. XP에는 연습할수록 향상되는 많은 기술이 포함되어 있다. 참여자들이 관심 있는 주제들을 공부하는 지역 XP 모임들이 존재한다. 여러분 지역에 그런 모임이 없다면, 하나 만드는 것을 고려해 보라. 회사 내부 모임도 유용할 수 있다. 하지만 여러분의 경험을 반성해볼 다양한 관점을 가지는 일은 가치 있는 일인데, 특히 여러분이 매일 일하는 회사 문화에서 받아들여지지 않는 관점들이라면 더욱 그렇다.

또한 공동체는 책임감을 갖게 해서, 자신의 말을 지키는 장소가 된다. 오늘은 여러분이 그 서비스를 동료들에게 제공할지도 모르고, 내일은 그들이 여러분에게 그렇게 해줄지도 모른다. 책임감은 뭔가 바꾸려고 할 때 특히 중요하다. 지름길을 시도하거나 다른 방식들로 돌아가는 것이 어느 순간 흥미 있게 보일지도 모른다. 그러나 여러분이 자기 행동을 동료들에게 알려야 한다는 사실을 안다면, 유혹을 정당화하기는 더 힘들어질 것이다. 책임감은 공동체는 안전해야 한다는 점을 강조한다. 비밀을 지켜주고, 요청을 받을 때만 충고해 주며, 성급한 판단을 미루는 것이 모두 안전하다는 느낌을 높혀준다.

공동체는 질문을 던지고 의심을 드러낼 장소이기도 하다. 공동체에서는 개개인 의견이 모두 가치를 지닌다. 갈등과 의견 차이는 함께 배워 나가는 것의 씨앗이다. 갈등을 억압하는 것은 공동체가 약해졌다는 신호다. 가치 있는 생각은 파고들고 따지는 일을 견뎌낼 수 있다. 공동체 구성원들은 언제나 만장일치를 이루기 위해 노력하지 않으며, 의견 차이를 좁혀가는 동안 서로 존중하리라는 것에 합의할 뿐이다. 순종은 안전한 공동체에 참여하기 위한 요구조건이 아니다.

여러분이 쉽게 참여할 수 있는 활동적인 XP 온라인 공동체들이 여럿 있다. 가장 활동적인 공동체는 Yahoo!의 호스팅을 받으며 http://groups.yahoo.com/group/extremeprogramming에서 찾을 수 있다. 프로그래밍 언어마다 그 언어 전용의 XP 메일링 리스트가 있는데, 온라인에서 검색해 보면 찾을 수 있다. 지역 사용자들의 모임도 온라인에서 찾을 수 있다.[10] 대부분은 한 달에 한 번 만나지만, 몇몇 모임은 일주일에 한 번 정도로 자주 만나기도 한다.

10) 역자 주: 한국에는 XP 사용자 모임http://xper.org이 있다.

지역 모임이든 전 세계 모임이든 공동체에 참여하라. 여러분이 최선의 자기 자신이 되도록 격려하는 공동체를 찾아보라. 그런 공동체를 찾을 수 없다면, 손수 하나 시작하라. 어려운 문제를 붙잡고 씨름하고 있다면, 여러분은 혼자가 아니다. 공동체일 때 우리는 고립된 상태에서 이룰 수 있는 것보다 더 많은 것을 성취할 수 있다.

25장

Extreme Programming Explained

결론

나는 프로그래머들이 더 좋은 삶을 살게 하려고 XP를 정립했다. 그 과정에서, XP는 내게 이 세상에서 살아가는 하나의 방식이 되었다. 하지만 이 방식은 내게 나 자신의 가치들에 대해 생각해 본 다음 그것들에 내 행동을 맞출 것을 요구한다. 내가 발견한 사실은 자신을 먼저 개선하지 않고서는 개선이란 없다는 것이다.

XP의 비결은 성실성, 곧 내 진정한 가치와 조화를 이루어 행동하는 것이다. 그러나 성실성을 목표로 정하자마자, 나는 내가 실제로 믿던 가치들이 세상이 내가 지킨다고 알아주기를 바랐던 가치들과 다르다는 사실을 발견했다. 지난 5년은 내가 실제로 믿던 가치들을 내가 지키고 싶은 가치들로 바꾸는 여정이었다.

이 여정에서 나는 아직 완벽과 거리가 멀다. 어떤 날은 내가 나 자신의 이상에 얼마나 미치지 못했는지 날카롭게 깨닫기도 한다. 그러나 어떤 때에는 모든 것이 하나로 조화되는 때, 내 가치들이 내 이상과 일치하고 내 행동이 그것들에서 자연스럽게 흘러나오는 때도 있다. 그럴 때에 나는 이 여행이 계속할 가치가 있다고 느낀다.

XP를 통해, 나는 스스로 존중받을 가치를 지니도록 일하고, 또다른 사람들을 존중한다. 나는 기꺼이 최선을 다하면서 언제나 개선하려고 애쓴다. 나는 내가 자랑스럽게 생각하는 가치들을 믿으며 거기에 어울리는 행동을 한다.

XP의 가치들은 비즈니스 세계에서 실천해 볼만하다. 자신이 편안히 살 수 있는 삶을 얻는 것 외에도, 관련된 모든 사람들에게 좋은, 정중한 관계에 기반한 작업 스타일을 개발하게 된다. 세상에 적극적으로 그리고 긍정적으로 기여하는 소프트웨어를 만들게 된다. 창조적이고 활기차게 일하게 된다.

나는 XP를 적용하는 사람들이 그들의 소프트웨어 개발과 삶에 다시 한번 희망을 찾는 것을 보았다. 여러분은 이제 XP를 시작하기에 충분한 지식을 지녔다. 나는 여러분이 지금 시작하길 권한다. 여러분의 가치들을 생각해보라. 그 가치들과 조화되는 삶을 살겠다고 의식적인 결정을 내려라. 여러분의 길을 따라 걸어가기 위해 실천방법을 하나 골라라. 편안히 살 수 있는 세상을 찾고 있다면, 균형 잡힌 삶을 살면서 사업도 잘 되도록 하라. XP는 당신의 이상에 대해 생각하고, 행동을 취하는 방법이다.

주석을 단 참고문헌

한 가지 주제를 중심으로 광범위한 책을 읽으면 그 주제에 대한 이해가 풍부해진다. XP에 관련이 있는 아이디어에 대한 흥미 있는 읽을거리를 몇 가지 제안한다.

철학

Sue Bender, 『Plain and Simple: A Woman's Journey to the Amish』, Harper-Collins, 1989; ISBN 0062501860.

단순함과 명쾌함의 가치를 고찰한다.

Leonard Coren, 『Wabi-Sabi: For Artists, Designers, Poets, and Philosophers』, Stone Bridge Press, 1994; ISBN 1880656124.

와비사비わびさび[1]는 소박하고 실용적인 미의식이다.

1) 역자 주: 와비사비肅寂는 일본의 미의식을 가리키는 말로, 청정하고 한적함을 중시한다.

Richard Coyne, 『Designing Information Technology in the Postmodern Age: From Method to Metaphor』, MIT Press, 1995; ISBN 0262032287.

메타포의 중요성에 대한 탁월한 논의를 포함하여, 모더니스트와 포스트

모더니스트의 사고 차이를 논한다.

Philip B. Crosby, 『Quality Is Free: The Art of Making Quality Certain』, Mentor Books, 1992; ISBN 0451625854.

시간, 범위, 비용, 품질 등 네 가지 변수의 제로섬 모델에서 벗어난다. 품질을 낮춘다고 해서 소프트웨어를 더 빨리 내놓을 수 있는 게 아니다. 그 대신, 품질을 향상하여 소프트웨어를 더 빨리 내놓을 수 있다.

George Lakoff and Mark Johnson, 『Philosophy in the Flesh: The Embodied Mind and Its Challenge to Western Thought』, Basic Books, 1998; ISBN 0465056733.

메타포와 사고에 대한 훌륭한 논의가 더 있다. 또한, 메타포들이 서로 어떻게 섞이는지 설명한다. 토목공학, 수학 등등에서 끌어온 오래된 소프트웨어 메타포는 유례없는 소프트웨어 공학 메타포로 서서히 바뀌어 가고 있다.

Bill Mollison and Rena Mia Slay, 『Introduction to Permaculture』, Ten Speed Press, 1997; ISBN 0908228082.

서구 세계에서 고강도 사용이라는 것은 일반적으로 착취, 고갈과 연결되어 왔다. 퍼머컬처permaculture는 사려 깊은 농사 규범인데, 이것의 목표는 간단한 실행방법들의 상승효과를 통해 땅을 지속 가능하면서도 고강도로 이용하는 것이다. 여기에는 XP와 유사점이 있다.

이를테면 대부분의 성장은 요소들의 상호작용에서 일어난다는 것. 퍼머컬처는 사이심기의 나선 이랑과, 가장자리가 매우 불규칙적인 연못들로 상호작용을 극대화한다. XP는 현장 고객과 짝 프로그래밍으로 상호작용을 극대화한다.

마음가짐

Christopher Alexander, 『Notes on the Synthesis of Form』, Harvard University Press, 1970; ISBN 0674627512.

알렉산더는 설계를 어떤 결정들로 생각하는 것에서 출발했는데, 그 결정들은 모순인 제약을 해결하고, 더 나아가서 남아 있는 제약을 해결하는 또 다른 결정들로 이어주는 것이다.

________________, 『The Timeless Way of Building』, Oxford University Press, 1979; ISBN 0195024028.

크리스토퍼 알렉산더가 건축과 건축 작업에 대해 갖고 있는 관점을 개괄한다. 이 책에서 설명하는 건물의 설계자/시공자와 해당 건물 사용자 간의 관계는 프로그래머와 고객의 관계와 무척이나 유사하다.

Ross King, 『Brunelleschi's Dome: How a Renaissance Genius Reinvented Architecture』, Penguin Books, 2001; ISBN 0142000159.

극단적인 건축과 건축 작업. 브루넬레스치는 문제들에 겁먹기를 거부하는데, 이는 기회 포착 원리의 훌륭한 예로 볼 수 있다.

Field Marshal Irwin Rommel, 『Attacks: Rommel』, Athena, 1979; ISBN 0960273603.

명백히 희망이 없어 보이는 상황에서도 진전하는 것에 대한 예시들.

Dave Thomas and Andy Hunt, 『The Pragmatic Programmer』, Addison-Wesley, 1999; ISBN 020161622X.

데이브와 앤디는, 내가 익스트림이라고 말하는 마음가짐과 전문기술을 결부하여 생각하였다.

Frank Thomas and Ollie Johnston, 『Disney Animation: The Illusion of Life』, Hyperion, 1995; ISBN 0786860707.

디즈니에서 수년간 변하는 비즈니스와 기술에 대처하기 위해 팀 구조를 어떻게 발전시켰는지 설명한다. 유저 인터페이스 디자이너에게 좋은 팁도 많고 정말 멋진 그림들도 있다.

「Office Space」, Mike Judge, director, 1999; ASIN B000069HPL.

큐비클 속 삶에 대한 한 가지 관점

「The Princess Bride」, Rob Reiner, director, MGM/UA Studios, 1987; ASIN B00005LOKQ.

"우리는 결코 살아서 나갈 수 없을 거야."

"말도 안돼. 너는 이제껏 아무도 살아 나간 적이 없기 때문에 그냥 그렇게 말하는 거라구."

창발적인 프로세스

Christopher Alexander, Sara Ishikawa, and Murray Silverstein, 『A Pattern Language』, Oxford University Press, 1977; ISBN 0195019199.

창발적인 특성을 만들어 내기 위한 규칙 체계의 예. 우리는 그 규칙들이 성공적인지 아닌지에 대해 논의할 수 있겠지만, 그 규칙 자체를 읽는 것만으로도 흥미롭다. 게다가, 작업 공간의 설계에 대해 비록 짧기는 하지만 탁월한 논의도 있다.

James Gleick, 『Chaos: Making a New Science』, Penguin USA, 1988; ISBN 0140092501.

카오스 이론에 대한 친절한 입문서.

Stuart Kauffman, 『At Home in the Universe: The Search for Laws of Self-Organization and Complexity』, Oxford University Press, 1996; ISBN 0195111303.

카오스 이론에 대한 조금 덜 친절한 입문서.

Roger Lewin, 『Complexity: Life at the Edge of Chaos』, Collier Books, 1994; ISBN 0020147953.

카오스 이론에 대한 더 읽을거리.

Margaret Wheatley, 『Leadership and the New Science』, Berrett-Koehler Pub, 1994; ISBN 1881052443.

자기조직화하는 시스템을 경영의 메타포로 사용한다.

시스템

Albert-Laszlo Barabasi, 『Linked: How Everything Is Connected to Everything Else and What It Means』, Plume Books, 2003; ISBN 0452284392.

프로그래밍에서 네트워크(사회적, 기술적)는, 대부분 이 책에서 설명하듯이 '척도가 없다scale-free'[2].

Eliyahu Goldratt and Jeff Cox, 『The Goal: A Process of Ongoing Improvement』, North River Press, 1992; ISBN 0884270610.

제약 이론은 시스템을 이해하고 그것의 쓰루풋throughput을 개선하는 방식이다.

Gerald Weinberg, 『Quality Software Management: Volume 1, Systems Thinking』, Dorset House, 1991; ISBN 0932633226.

2) 역자 주: 척도 없음은 알버트 바라바시의 이론인, 규모의 크기와 상관없는 네트워크에서 나온 개념이다.

상호작용하는 요소들의 시스템에 대해 생각하기 위한 시스템과 표기법.

Norbert Weiner, 『Cybernetics』, MIT Press, 1961; ISBN 1114239089.
시스템에 대한 더 깊이 있고 더 어려운 소개서.

Warren Witherell and Doug Evrard, 『The Athletic Skier』, Johnson Books, 1993; ISBN 1555661173.
서로 관계가 있는 스키 규칙의 시스템. 가장 큰 개선은 마지막 몇 가지 규칙을 도입할 때 오는데, 그 이유는 약간 균형이 맞지 않는 것은 균형 잡힌 것과는 아주 다르기 때문이다.

사람

Tom DeMarco and Timothy Lister, 『Peopleware』, Dorset House, 1999; ISBN 0932633439.
이 책은 『The Psychology of Computer Programming』의 연장선에서, 프로그램을 사람, 특히 사람으로 구성된 팀이 작성한다는 실용적인 대화를 좀 더 확장했다. 이 책은 내게 있어 '책임 받아들이기' 원리의 원천이 되었다.

Tom DeMarco, 『Slack: Getting Past Burnout, Busywork, and the Myth of Total Efficiency』, Broadway, 2002; ISBN 0767907698.
소프트웨어 개발에 여유 개념을 적용하기

Carlo d'Este, 『Fatal Decision: Anzio and the Battle for Rome』, Harper-Collins, 1991; ISBN 006092148X.
자아가 명료한 사고를 방해하는 예.

Robert Kanigel, 『The One Best Way: Frederick Winslow Taylor and the Enigma of Efficiency』, Penguin, 1999; ISBN 0140260803.
테일러에 대한 전기로, 이 책에서는 테일러의 작업을 어떤 맥락 하에서 보여주고 있는데, 거기에서 테일러식 사고의 한계가 드러난다.

Gary Klein, 『Sources of Power』, MIT Press, 1999; ISBN 0262611465.
어려운 상황에서 경험 많은 사람들이 결정을 내리는 방법에 대한 간단하고 읽기 좋은 책.

Alfie Kohn, 『Punished By Rewards: The Trouble with Gold Stars, Incentive Plans, A's, Praise, and Other Bribes』, Mariner Books, 1999; ISBN 0618001816.
이 책은 적절한 보상을 주는 것만으로 다른 사람을 통제할 수 있다는 내 환상을 뒤흔들었다.

Thomas Kuhn, 『The Structure of Scientific Revolutions』, University of Chicago Press, 1996; ISBN 0226458083.
어떻게 패러다임이 지배적인 패러다임이 되는가. 패러다임 변화는 예상할 수 있는 효과를 낸다.

Patrick Lencioni, 『The Five Dysfunctions of a Team: A Leadership Fable』, Jossey-Bass, 2002; ISBN 0787960756.
팀에 생길 수 있는 문제 몇 가지, 그리고 그에 대해 어떤 조치를 취할 수 있는지를 읽기 쉽게 설명했다.

Scott McCloud, 『Understanding Comics』, Harper Perennial, 1994; ISBN 006097625X.

이 책의 마지막 몇 장에서는 사람들이 왜 만화를 만드는지 이야기한다. 여기에서 나는 내가 왜 프로그램을 만드는지 생각해보게 되었다. 또한, 만화의 기술과 만화의 예술 간의 관계에 대해 좋은 내용이 들어 있는데, 이것은 프로그램을 만드는 기술(테스팅, 리팩터링)과 프로그램을 만드는 예술의 관계와 짝을 이뤄 생각해 볼 수 있다. 그 밖에도, 유저 인터페이스 설계자에게 도움이 되는 것도 있는데, 물체 사이의 공간을 이용해 의사소통 하는 것, 또 어지럽히지 않으면서 작은 공간에 정보를 메워 넣는 것에 대한 내용이 있다.

Geoffrey A. Moore, 『Crossing the Chasm: Marketing and Selling High-Tech Products to Mainstream Customers』, HarperBusiness, 1999; ISBN 0066620023.

비즈니스 관점에서 본 패러다임 변화. 새로운 아이디어 수용을 가로막는 장벽의 일부는 예측할 수 있고, 또 그것들에 대처할 수 있는 간단한 전략이 존재한다.

Marshall Rosenberg and Lucy Leu, 『Nonviolent Communication: A Language of Life: Create Your Life, Your Relationships, and Your World in Harmony with Your Values』, PuddleDancer Press, 2003; ISBN 1892005034.

비폭력적인 의사소통의 목표는 사람들이 판단과 관찰을 분리하게 도와주고, 또 다른 사람이 표현하는 내면의 필요를 경청함과 동시에 자기 자신의 필요를 명확히 말할 수 있게 도와주는 것이다.

Frederick Winslow Taylor, 『The Principles of Scientific Management, 2nd ed.』, Institute of Industrial Engineers, 1998 (1st ed. 1911); ISBN 0898061822.

테일러주의를 낳은 책. 전문화와 엄격한 분할 정복divide-and-conquer은 더 많은 자동차를 더 싸게 생산하게 해주었다. 이 원리는 소프트웨어 개발의 전략으로는 말이 되지 않는다. 비즈니스적인 면에서도 인간적인 면에서도 말이 안 된다.

Barbara Tuchman, 『Practicing History』, Ballantine Books, 1991; ISBN 0345303636.
사려 깊은 역사가가 자신이 역사를 다루는 방식에 대하여 생각한다. 『Understanding Comics』처럼 이 책은 자기 행동의 이유를 곰곰이 생각하게 하기에 알맞은 책이다.

Colin M. Turnbull, 『The Forest People: A Study of the Pygmies of the Congo』, Simon & Schuster, 1961; ISBN 0671640992.
자원이 풍부한 사회는 충족함의 정신을 가지고 있다. 이것은 서로 유익한 관계와 풍족한 삶을 이끌어낸다.

______________, 『The Mountain People』, Simon & Schuster, 1972; ISBN 0671640984.
자원이 부족한 사회. 부족함 모형은 끔찍한 결론을 이끌어낸다.

Mary Walton and W. Edwards Deming, 『The Deming Management Method』, Perigee, 1988; ISBN 0399550011.
데밍은 두려움을 성과의 장벽으로 다루었다. 데밍의 책은 대부분 통계적인 품질 관리 방법에 초점을 맞추었지만, 여기에는 인간 감정의 효과에 대한 내용이 많이 있다. 더 초점을 맞추었다.

Gerald Weinberg, 『Quality Software Management: Volume 3, Congruent Action』, Dorset House, 1994; ISBN 0932633285.

말과 행동이 다를 때 나쁜 일이 일어난다. '일치하는congruent' 사람이 되는 방법, 다른 사람들에게서 불일치를 알아채는 방법, 그럴 때 대처하는 방법에 대해 다루고 있다.

________________, 『The Psychology of Computer Programming』, Dorset House, 1998; ISBN 0932633420.

프로그램은 사람이, 사람을 위해 작성한다는 점을 최초로 인식.

________________, 『The Secrets of Consulting』, Dorset House, 1986; ISBN 0932633013.

변화를 도입하는 전략들.

프로젝트 관리

David Anderson, 『Agile Management for Software Engineering: Applying the Theory of Constraints for Business Results』, Prentice Hall 2004; ISBN 0131424602.

소프트웨어 개발에 제약 이론을 적용. 각 반복iteration은 시스템의 한계를 제거한다. 한계를 제거하지 않는 작업은 낭비다.

Kent Beck and Martin Fowler, 『Planning Extreme Programming』, Addison-Wesley, 2000; ISBN 0201710919.

XP 계획 프로세스의 기술적 세부사항. 실제 시간으로 하는 추정은 점수point 시스템보다 더 정확한 정보와 더 높은 차원의 책임성accountability을 제공한다.

Fred Brooks, 『The Mythical Man-Month, Anniversary Edition』, Addison-Wesley, 1995; ISBN 0201835959.
네 가지 변수에 대해 생각하게 만드는 이야기들. 기념판에는 「은빛 탄환은 없다No Silve Bullet」라는 유명한 기사를 둘러싼 흥미로운 대화도 실려 있다.

Mike Cohn, 『User Stories Applied: For Agile Software Development』, Addison-Wesley, 2004; ISBN 0321205685.
프로젝트를 기능 단위로 계획하고 추적하는 방법.

Brad Cox and Andy Novobilski, 『Object-Oriented Programming--An Evolutionary Approach, Second Edition』, Addison-Wesley, 1991; ISBN 0201548348.
소프트웨어 개발의 전기공학 패러다임을 상술.

Ward Cunningham, "Episodes: A Pattern Language of Competitive Development," in 『Pattern Languages of Program Design 2, John Vlissides, ed.』, Addison-Wesley, 1996; ISBN 0201895277 (also http://c2.com/ppr/episodes.html).
짧은 주기 프로그래밍에 대한 논고.

Tom DeMarco, 『Controlling Software Projects』, Yourdon Press, 1982; ISBN 0131717111.
소프트웨어 프로젝트를 측정하기 위해 피드백을 만들고 활용하는 예.

Tom DeMarco and Tim Lister, 『Waltzing with Bears: Managing Risk on Software Projects』, Dorset House, 2003; ISBN 0932633609.

XP는 리스크 관리를 위한 많은 기회를 제공하지만, 여전히 여러분은 리스크를 관리해야 한다. 이 책에는 두 눈을 뜬 채로 리스크를 받아들일 수 있는 많은 아이디어가 담겨 있다.

Tom Gilb, 『Principles of Software Engineering Management』, Addison-Wesley, 1988; ISBN 0201192462.

작은 릴리즈, 지속적 리팩터링, 고객과의 열렬한 대화 등 진화적으로 인도하는delivery for 방식의 강력한 근거.

Ivar Jacobson, Magnus Christerson, Parik Jonsson, and Gunnar Overgaard, 『Object-Oriented Software Engineering: A Case Driven Approach』, Addison-Wesley, 1992; ISBN 0201544350.

스토리(유스 케이스)에서 소프트웨어 개발을 이끌어 내는 방식에 대한 나의 출전source.

Ivar Jacobson, Grady Booch, and James Rumbaugh, 『The Unified Software Development Process』, Addison-Wesley, 1999; ISBN 0201571692.

UP에는 짧은 반복iteration, 메타포 강조가 포함되어 있고, 개발을 조종하기 위해 스토리를 사용한다. UP는 통상 문서 주도로 진행되고 테스트 절차는 덜 엄격하다.

Philip Metzger, 『Managing a Programming Project』, Prentice Hall, 1973; ISBN 0135507561.

내가 이제까지 찾을 수 있었던 가장 일찍 나온 프로그래밍 프로젝트 관리 서적. 가치 있는 것들이 있긴 하지만, 관점은 순수 테일러리즘이다. 저자는 200쪽 가운데 딱 두 문단만 유지보수에 할애한다.

Charles Poole and Jan Willem Huisman, "Using Extreme Programming in a Maintenance Environment," in 『IEEE Software, November/December 2001』, pp. 42.50.

한 팀이 제품 유지보수에 XP를 적용한 결과, 비용은 60% 줄었고, 결점 수정 시간은 66% 줄었다.

Mary Poppendieck and Tom Poppendieck, 『Lean Software Development』, Addison-Wesley, 2003; ISBN 0321150783.

소프트웨어에 린 생산과 린 제품 개발의 아이디어를 적용한다.

Jennifer Stapleton, 『DSDM, Dynamic Systems Development Method: The Method in Practice』, Addison-Wesley, 1997; ISBN 0201178893.

DSDM은 RAD의 이점을 버리지 않으면서도 적절히 통제하는 한 가지 관점이다.

Hirotaka Takeuchi and Ikujiro Nonaka, "The new product development game," 『Harvard Business Review』 [1986], 86116:137.146.

진화적 인도delivery에 대한 합의 지향 접근법으로 프로젝트 규모 조정scaling에 대한 암시가 있다.

Jane Wood and Denise Silver, 『Joint Application Development, 2nd edition』, John Wiley and Sons, 1995; ISBN 0471042994.

JAD[3] 퍼실러테이터facilitator는 사람들에게 지시하지 않으면서, 대신 사람들을 장려하고, 결정을 어떻게 내리면 좋을지 가장 잘 아는 사람에게 힘을 주고, 결국에는 사라져 버린다. JAD는 개발자와 고객이 동의하는 요구사항 문서를 만드는 것이 현실화될 수 있고, 또 그래야 한다는 데 초점을 맞춘다.

3) 역자 주: JAD는 협업 워크샵의 반복을 통해 최종사용자를 응용프로그램의 설계 및 개발 단계에 관련시키는 방법론이다.

프로그래밍

David Astels, 『Test Driven Development: A Practical Guide』, Prentice Hall, 2003; ISBN 0131016490.

테스트 주도 개발 설명서.

Kent Beck, 『JUnit Pocket Guide』, O' Reilly, 2004; ISBN 0596007434.

JUnit 테스트 프레임워크 소개와 그 사용법.

________________, 『Smalltalk Best Practice Patterns』, Prentice Hall, 1996; ISBN 013476904X.

소규모 설계를 위한 패턴과 코드를 통해 의사소통하기.

________________, 『Test-Driven Development: By Example』, Addison-Wesley, 2002; ISBN 0321146530.

테스트 우선 프로그래밍과 점증적 설계를 소개하였다. 최고의 특장은 TDD 패턴 목록이다.

Kent Beck and Erich Gamma, "Test Infected: Programmers Love Writing Tests," in 『Java Report』, July 1998, volume 3, number 7, pp. 37.50.

xUnit 테스트 프레임워크의 자바 버전인 JUnit으로 자동화된 테스트를 작성하기.

Jon Bentley, 『Writing Efficient Programs』, Prentice Hall, 1982; ISBN 0139702512.

'충분히 빠르지 않을 거야' 우울증에 대한 치료.

Edward Dijkstra, 『A Discipline of Programming』, Prentice Hall, 1976; ISBN 013215871X.

수학으로서의 프로그래밍. 다익스트라는 프로그래밍을 통해 아름다움을 찾는다.

Eric Evans, 『Domain-Driven Design: Tackling Complexity in the Heart of Software』, Addison-Wesley, 2003; ISBN 0321125215.

비즈니스 쪽 사람들과 기술 쪽 사람들 사이의 의사소통을 더 명확하게 하기 위한 실용적인 로드맵을 보여준다.

Brian Foote and Joe Yoder, "Big Ball of Mud," 『Pattern Languages of Program Design 4』, edited by Neil Harrison, Brian Foote, and Hans Rohnert, Addison-Wesley, 2000; ISBN 0201433044.

점증적 설계에 충분히 투자하지 않으면 무슨 일이 일어나나.

Martin Fowler, 『Analysis Patterns』, Addison-Wesley, 1996; ISBN 0201895420.

분석 상의 결정을 위한 공통 어휘들. 분석 패턴은 소프트웨어 개발에 강한 영향을 미칠 수 있는 비즈니스 구조를 이해하는 데 도움이 된다.

Martin Fowler, ed., 『Refactoring: Improving the Design of Existing Code』, Addison-Wesley, 1999; ISBN 0201485672.

리팩터링에 대한 가장 권위 있는 참고문헌 중 하나.

Martin Fowler and Pramod Sadalage, "Evolutionary Database Design," January 2003, http://www.martinfowler.com/articles/evodb.html.

점증적으로 데이터베이스를 설계하는 간단한 전략.

Erich Gamma, Richard Helms, Ralph Johnson, and John M. Vlissides, 『Design Patterns: Elements of Reusable Object-Oriented Software』, Addison-Wesley, 1995; ISBN 0201633612.

설계 결정을 위한 공통 어휘들.

Joshua Kerievsky, 『Refactoring to Patterns』, Addison-Wesley, 2004; ISBN 0321213351.

디자인 패턴과 리팩터링 사이의 간극을 연결한다. 점증적으로 설계하는 방법을 배우기에 유용하다.

Donald E. Knuth, 『Literate Programming』, Stanford University, 1992; ISBN 0937073814.

의사소통 지향 프로그래밍 방법. 문학적 프로그래밍literate programming은 유지보수하기에 어려운 반면, 의사소통할 것이 얼마나 많이 있는지 상기시킨다.

Steve McConnell, 『Code Complete: A Practical Handbook of Software Construction, Second Edition』, Microsoft Press, 2004; ISBN 0735619670.

전문적인 개발자가 되기 위해 알아야 할 것. 이득이 되는 한도 내에서 코딩에 얼마나 신경을 쏟아 부을 수 있는지 가늠한다.

Bertrand Meyer, 『Object-Oriented Software Construction』, Prentice Hall, 1997; ISBN 0136291554.

계약에 의한 설계design by contract는 단위 테스트의 대안이거나 확장이다.

David Saff and Michael D. Ernst, "An Experimental Evaluation of Continuous Testing During Development," in 『ISSTA 2004, Proceedings of the 2004 International Symposium on Software Testing and Analysis』 (Boston, MA, USA), July 12-14, 2004, pp. 76-85.
지속적인 테스트는 프로그래밍 도중 좀더 지속적인 피드백을 가져다준다.

기타

Barry Boehm, 『Software Engineering Economics』, Prentice Hall, 1981; ISBN 0138221227.
소프트웨어 비용이 얼마나 되는지, 왜 그런지 생각하게 해주는 표준 참고서.

Stewart Brand, 『How Buildings Learn: What Happens After They Are Built』, Penguin Books, 1995; ISBN 0140139966.
아무리 엄격해 보이는 구조물이라도 성장과 변화를 거친다.

Malcolm Gladwell, 『The Tipping Point: How Little Things Can Make a Big Difference』, Back Bay Books, 2002; ISBN 0316346624.
아이디어가 어떻게 유행하는가.

Larry Gonick and Mark Wheelis, 『The Cartoon Guide to Genetics』, Harper-Perennial Library, 1991; ISBN 0062730991.
의사소통 매체로서 그림의 힘을 보여준다.

John Hull, 『Options, Futures, and Other Derivatives』, Prentice Hall, 1997; ISBN 0132643677.

옵션 가격 책정에 대한 표준 참고서.

Nancy Margulies with Nusa Mall, 『Mapping Inner Space: Second Edition』, Zephyr Press, 2002; ISBN 1569761388.

자신의 생각을 그림으로 표현하는 방법. 직선적으로 생각하는 사람과 그렇지 않은 사람의 의사소통을 강화한다.

Taiichi Ohno, 『Toyota Production System: Beyond Large-Scale Production』, Productivity Press, 1988; ISBN 0915299143.

『Principles of Scientific Management』와 흥미로운 대조가 된다. 모든 참가자에 대한 존중의 철학으로 성취한 비즈니스 업적의 감동적 선언문.

Edward Tufte, 『The Visual Display of Quantitative Information』, Graphics Press, 1992; ISBN 096139210X.

그림을 통해 수에 관한 정보를 전달하는 기법을 더 많이 얻을 수 있다. 이를테면, 측정치metrics 그래프를 표시하는 최선의 방법을 파악하기에 좋다. 게다가 이 책은 참 아름답다.

찾아보기

| ㄱ |

가치
- 개발을 이끄는 가치 44
- 개선과 203
- 다른 중요 가치 50
- 다중 사업장 개발과 212
- 단순성 45~46
- 변화와 98
- 성실성과 223
- 실제 중요한 것에 기반 43
- 예를 통해 배우기 205
- 용기 48~49
- 의사소통 44
- 정의 38
- 조직의 가치가 XP의 것과 상충할 때 XP를 불용 206
- 존중 49
- 피드백 46~48

갈등
- 공동체와 220
- 다양성과 갈등 59

감사, 릴리즈 전의 프로젝트 176
감정, 성과의 장벽으로서의 두려움 233
개발 프로세스에서 지속적 테스트에 대한 실험적 평가 92
개선 58
- 개선의 불연속적 속성 204
- 임원 역할과 126

개선, XP 원칙 58
건강, 짝 프로그래밍과 81
결합
- 가치와 결합 38
- 배치 후의 결합 수치 127
- 스몰토크 프로젝트에서의 결합 비율 190
- 잉여와 결합 63
- 점진적 설계와 93

결합 비율 29
결합도, 코드의 91
경영, 자기조직화하는 시스템을 경영의 메타포로 229
경제성
- 품질과 경제성 65
- XP의 원칙 54

경청 기술, 계획하기와 146
경청하는 능력, 반응에 귀 기울이기 129
경험, 설계 과정과 163
계절, 조직화하는 데 쓰이는 시간 단위 87
계획

- 기술적 세부사항 234
- 목표와 143
- 무엇을 먼저 바꿀지 결정하기 98
- 범위를 근간으로 한 145
- 추정과 144
- 크라이슬러 스몰토크 프로젝트 188~189
- 테일러주의에서 실행과 분리 192
- 프로젝트 관리자가 갖는 책임 124
- 협동 146
고객
- 기능에 대한 고객의 통제 189
- 상호작용 설계자와 협업 122
- 시스템 내용의 방향을 결정 36
- 전체 팀 실천방법 76
- 진화적 인도 236
- 테크니컬 라이터와 129
고비용 기반 지역과 저비용 기반 지역 비교 213
고통, 빠른 변화의 요인 203
공동체, XP 219~224
과업, 스토리를 쪼개어 과업으로 86
과잉 생산, 낭비로서의 197
과학적 관리 191~193
관계
- 강한 관계를 육성 217
- 공동체 219
- 비즈니스 관계 23
- 직장에서 이성적 관계를 분리 81
- 풍족한 사회와 궁핍한 사회에서의 233
관리
- 과학적 관리 191~193
- 제품 관리자 126
- 프로젝트 관리자 144, 172~173
구독 모델, 소프트웨어 마케팅 118
권위와 신뢰의 불일치 201
귀 기울이기, 공동체와 219~220
그룹 내 역학 관계 204
그림, 의사소통 매체로서 241~242
근본 원인 분석 110
기능
- 고객이 통제하는 189
- 프로젝트를 기능 단위로 추적 235
기본 실천방법 73~96
기술 협력 99
기술
- 기술, 실천방법의 근간 37
- 기술, 학습과 적용 201
기술자 고용 213
기술적 측면, 비즈니스 쪽 사람과 기술 쪽 사람 사이의 239
기회, XP 원칙 62

| ㄴ |

낭비
- 고객 참여를 통한 낭비 감소 106
- 과잉 생산과 197
- 낭비 제거에 대한 도요타의 성공 195~197
- 잉여와 낭비 63
- 제거 58

| ㄷ |

다양성 원칙 59
다중 사업장 개발 211~214
- 가치와 212
- 고비용 기반 지역과 저비용 기반 지역 비교 212
- 실천방법과 212
- 원칙과 212
- 이유 211
- 전세계적 소프트웨어 개발 213
단순성 167
- 다중 사업장 개발과 212
- 초과적 복잡도를 다루기 175
- 피드백과 48
단순함
- 용기와 단순함 49
- 참고문헌 225
단위 테스트 240
단일 코드 기반 113, 212
데드라인, 비즈니스 관심사가 지배 216
데밍Deming, W. Edwards 233
데이브 토머스Dave Thomas 201
데이비드 새프David Saff 92

데이터베이스 설계 전략 239
도요타 생산 시스템 195~198
돈의 시간적 가치 54
듣는 기술, 피드백을 위해 듣기 201
디즈니 228

| ㄹ |
론 제프리즈Ron Jeffries 187
리스크, 관리 236
리팩터링 239
릴리언 길브레스Lilian Gilbreth 191
릴리즈 별 지불 117
릴리즈 주기 줄이기 29

| ㅁ |
마음가짐, 참고문헌 227~228
마이클 언스트Michael Ernst 92, 240
마틴 파울러Martin Fowler 148, 187
만화 232
말콤 글래드웰 76
말하기 219
매일 배치 205
매일 배치, 보조 실천방법 115
매일 업무의 초점, 점진적 설계 159
메타포
- 과학적 관리 191~193
- 물리적인 것에 기반해서 소프트웨어 개발에 한계를 가한다 160
- 사고 226
- 상호작용 설계자가 고른 122
- 자기조직화하는 시스템을 경영의 메타포로 229
- 코드 이름과 메타포 56
- Unified Process emphasis on 236
- XP 운전하기 36
메트릭, 피드백 235
명료함, 참고문헌 225
모더니즘 225
모양, 자기유사성 원칙 56~58
목표
- 계획하기와 143
- 임원 역할과 126
문서, Unified Process의
문서 주도적 토대 236
문서 작성, 의사소통과 208
문서화
- 근간이 되는 코드와 테스트 113
- '로제타석' 문서 174
문제, XP 확장의 복잡성 174
미시적 최적화 137

| ㅂ |
반복
- 빈도 계획하기 182
- 스토리 구현과 187
- 제약 혹은 한계를 제거 234
- 피드백 주기와 147
반성, XP 원칙 60~61
받아들인 책임 27
발주자, 개발자 · 사용자와 함께 일하는 216
발판, 점진적 배치 107
배치
- 배치 후의 결함 수치 127
- 점진적 설계와 배치 166
범위
- 계획하기는 범위를 관리하는 것으로 가능하다 145
- 비즈니스 관심사가 지배 216
- 제로섬 모델에서 변수 226
- 제어 매커니즘 65
- 지속적 협상 116
범위 협상 계약 116
베리 보엠Barry Boehm 93
베스 안드레스-벡Beth Andres-Beck 161
베타 테스트 156
변화
- 급격한 변화의 요인 204
- 무엇을 먼저 바꿀지 결정하기 98
- 비용 93
- 사람과 218
- 속도 98
- 아기 발걸음과 변화 66
- 자신에게서 시작 100
- 적응하기 36
- 전략 234

- 책임감과 220
- 피드백과 변화 46
- 한 번에 하나씩 바꾸기 98
병 79
병목, 찾기 87
보상, 통제 매커니즘으로서 231
보안 50
- 보증 175~177
부하load 테스트 156
분기별 계획 173
분기별 주기 86
분석, 결정을 위한 240
불안, 변화에 수반되는 101
브래드 옌슨Brad Jensen 179~182
비용
- 결함 151
- 결함을 일찍 찾는 것과 ~ 153
- 변화 93
- 소프트웨어 개발 241
- 옵션 가격 242
- 제로섬 모델에서 변수 226
- 코드 개발 241
- 프로젝트 관리와 144
비즈니스
- 관계 23
- 비즈니스 관심사가 개발을 지배 216
- 비즈니스 측이 프로그래머와 책임 공유 217
- 패러다임 변화 231
빅뱅 통합 61, 137

| ㅅ |

사고
- 메타포 226
- 선형적 사고 대 비선형적 사고 242
- 자아 230
사람
- 변화와 218
- 비즈니스 쪽 사람과 기술 쪽 사람 사이의 239
- 참고문헌 230~234
- XP 확장과 ~ 169~171
사람, 문제의 일부로서의 74
사용별 지불 117
사용자
- 개발자, 발주자와 함께 일하는 216
- 테크니컬 라이터와 128
사용자, 팀 역할로서의 130
사회적 관계
- 사회적 맥락 안에서 적용하는 XP 199
- TPS에는 계층이 부재 196
사회적 변화 23
산 사람The Moutain People 28
산업공학 191
삶의 질 50
상호 이익, XP 원칙 55
상호작용 설계자, 팀 역할로서의 122
생명공학의 21세기 218
생명주기 모델 176
생산성, TPS 196
생존, 문제 해결과 62
선택적 가치, 시스템과 팀의 54
설계
- 결정을 위한 공통 어휘 240
- 데이터베이스 설계 전략 239
- 소규모 설계 238
- 알렉산더의 원칙들 227
- 패턴 240
- 패턴과 설계 165
성공
- 목표로서 208
- XP와 성공 26
성과, 장벽으로서의 두려움 233
성실성 223
성장, 인간적 필요로서의 53
성적 관심, 작업공간에서의 81
성취감, 인간적 필요로서의 52
세이버 에어라인 솔루션 179~182
소속감, 인간적 필요 52
소유, 집단 112
소트워크스ThoughtWorks 164
소프트웨어 개발
- ~을 위한 공동체 219~224
- 과잉 생산 197~198
- 비용 241
- 소프트웨어 개발에서 여유 230

- 스토리로 이끌기 236
- 유용성 대 기술적 뛰어남 216
- 저비용 기반 지역 대 고비용 기반 지역 212~213
- 전기공학 패러다임 235
- 전세계적 213
- 제약이론 234
- 테일러 모델 적용시의 한계 192
- 테일러식 접근의 결점 231
- 팀이 주도하는 과정 36
- DSDM approach to rapid development 237
소프트웨어 공학 89
수동 테스트 155
수익, 투자와 수익의 시차 측정 127
수학, 프로그래밍으로서의 239
숲 사람The Forrest People 28
스키 타기 230
스토리 82~84
- 계획하기와 144
- 과업으로 쪼개기 86
- 무엇을 먼저 바꿀지 결정하기 98
- 상호작용 설계자가 작성 122
- 스토리로 개발을 이끌기 236
- 크라이슬러 스몰토크 프로젝트 188~190
- 프로젝트 완료 시간과 188~189
스토리 카드 77
- 계획 과정에서의 149
- 예시 84
- 정보를 조직에 제공 172~173
스튜어트 브랜트Stewart Brand 160, 241
스트레스 테스트 156
스티브 맥코넬Steve McConnell 161, 240
슬금슬금 늘어나는 범위 91
시간
- 계절과 시간 87
- 돈의 시간적 가치 54
- 오래 지속되는 XP 프로젝트와 173~174
- 일주일별 주기와 85
- 제로섬 모델에서 변수 226
- 프로젝트 관리와 144
시스템
- 자기조직화 229
- 참고문헌 229~230
시스템 구획짓기, 아키텍트의 책임 124
시스템 분할, XP 확장과 ~ 170
신뢰 88
- 책임의 불일치에 의해 약화 201
실수에서 배우기 205
실천방법, 개괄 69~70
- 다중 사업장 개발과 212
- 사회적 관계와 216~217
- 실수에서 배우기 205
- 윈윈윈 56
- 정의 37
- 주요 실천방법을 보조 실천방법 이전에 구현 105
실천방법, 보조
- 매일 배치 115
- 범위 협상 계약 116
- 사용별 지불 117
- 팀 지속성 108
- 팀 크기 줄이기 109
실천방법, 주요
- 10분 빌드 89
- 여유 87
- 지속적 통합 90
실패의 결과를 다루기 175~177
실패, XP 원칙 63~64
실행, 사회공학 안에서 계획으로부터 분리 192
쓰루풋throughput 138, 229

| ㅇ |

아기 걸음걸이 94
아기 발걸음, XP 원칙 66
아키텍처
- 설계 216~217
- 유연성 190
아키텍처, 건물의 ~ 227, 228
아키텍트, 팀 역할로서의 123
안전 인간적 필요 52
안전성 50
안정감, 함께 앉기 실천방법과 74

앤디 헌트Andy Hunt 201
약속, 과잉 약속에서 생기는 낭비 88
업무능력 성숙도 모형 213
업무시간, 다른 인간적 욕구와 균형 53
에리히 감마Erich Gamma 92
여유, 소프트웨어 개발에서 230
여유, 주요 실천방법으로서의 87
역사, ~하기 233
예를 통해 배우기 205
예측가능성 50
오노 다이이치 111, 197, 242
온라인 공동체, XP 221
와비사비わびさび 225
완벽 58~59
왜 다섯 번Five Whys 111
요구사항 수집 197
'욕구'를 모두 '필요'로? 52~54
용기
- 다른 가치들과 조화 49
- 다중 사업장 개발과 212
- 임원 역할과 126
우선순위 166
- 비즈니스 113
- 재정 지원 190
- 제품 관리자와 125
원칙 51~67
- 개괄 51
- 개선 58
- 경제성 54
- 기회 62
- 다양성 59
- 다중 사업장 개발과 212
- 반성 60
- 사회적 관계와 216~217
- 상호 이익 55
- 실수에서 배우기 205
- 실패 63
- 아기 발걸음 66
- 잉여 62~63
- 정의 39
- 책임 66
- 흐름 61
위생 81
위험 170
- 관리 120
- 매일 배치와 115
- 범위 협상 계약과 116
- 분할과 위험 170
- 성공으로 이르는 실패의 위험 64
- 실수의 위험 89
- 자신이 감내하지 않으려는 위험을 다른 이에게 부탁하지 않기 201
- 침묵은 위험이 쌓여가는 소리 128
- 큰 배치와 107
위험 관리 176
유저 인터페이스 설계 232
유지보수
- 프로젝트 관리와 237
- XP 적용에서 237
응집성, 코드의 91
의사결정
- 분석 결정 239
- 어려운 상황에서 231
의사소통
- 가치를 포용하는 208
- 개발을 이끄는 가치 44
- 그림 241~242
- 다중 사업장 개발과 212
- 단순성과 의사소통 46
- 듣는 기술 대 말하는 기술 219~220
- 문서 작성과 208
- 비즈니스 쪽 사람과 기술 쪽 사람 사이의 239
- 비폭력적 232
- 신뢰와 의사소통 88
- 용기와 의사소통 49
- 의사소통 형식으로서의 프로그래밍 240
- 제품 관리자가 장려 126
- 피드백과 의사소통 48
이름, 코딩 스타일과 56
이미지
- 그래프와 그림으로 의사소통하기 242
- 그림으로 의사소통하기 242
인가, XP 209~210
인간관계

- 권위와 책임의 불일치에 의해 약화 201
- 프로그래머의 인간관계 기술 131
인간성, 성과의 장벽으로서의 두려움 233
인간성, 함께 앉기 실천방법과 75
인적자원부 131
인증, XP 209~210
일자리, 해외 개발과 212
일정 밀림 29
일주일별 주기 84~86, 121
임원 후원자, 찾기 201
임원의 후원, XP 성공에 핵심적 141
잉여, XP 원칙 62

| ㅈ |

자기조직화 시스템 229
자동화된 빌드 89
자동화된 테스트 238
자본적 지출 171
자아, 사고와 230
자원, 풍족한 사회와 궁핍한 사회에서의 233
작업공간 77
- 설계 228
작업공간, 함께 앉기 실천방법 74
저비용 기반 지역과 고비용 기반 지역 비교 212
전 세계적 소프트웨어 개발 213
전체 팀 75~76
전체 팀 실천방법
- 상호작용 설계자 122
- 프로그래머 131
전체적 처리 능력, 미시적 최적화와 138
절망, 극복 227
점진적 배치 107, 236
점진적 설계 93
- 매일 업무의 초점 159
- 설계 결정을 내리는 시점을 조정 166
- 스몰토크 프로젝트 187
- 점진적 설계에서 투자 239
- 점진적 설계의 초점이 되는 개선 58
- 한 번, 딱 한 번만 휴리스틱 164
정보를 제공하는 작업공간 77~78
- 스토리 카드 77
- 차트 78
정적 검증 156
정치, 다중 사업장 개발의 제로섬 모델 226
제약 이론
- 소프트웨어 개발 234
- 시스템 이해 229
- 이론 설명 136
- 전체적 처리 능력 대 미시적 최적화 138
제어
- 제어 수단으로서의 범위 65
- 품질과 제어 64~65
제품 개발 237
제품 관리자 125
조직
- 팀 규모 줄이기 213
- 옛날 방식으로 돌아가기 200
- XP 확장과 ~ 172~173
존중
- 개발을 이끄는 가치 49
- 다중 사업장 개발과 212
- 오노의 관리 접근법에서의 242
지도 그리기 101
지도력 204
지속적 통합, 집단 소유와 112
지속적 통합, 주요 실천방법으로서의 90
지속적인 개선 202~204
직원
- 교체 30
- 좋은 개발자의 필요성 52
- TPS에서 노동자의 책임 195~197
진짜 고객 참여 105
집단 소유 112
짝 프로그래밍 79~81
- 적용 이유 69
- 지속적 통합과 90
짝 프로그래밍과 개인적 공간 81~82

| ㅊ |

차트, 정보를 제공하는 작업공간의 78

참고문헌 225
- 마음가짐 227~228
- 사람 230~234
- 시스템 229~230
- 창발적인 프로세스 228~229
- 철학 225~226
- 프로그래밍 238~240
- 프로젝트 관리 234~237
창발적인 프로세스, 참고문헌 228~229
책임, 프로그래머와
비즈니스 측 간의 공유 217
책임 받아들이기 230
책임, XP 원칙 66
책임감
- 공동체와 220
- 불일치는 신뢰를 약화 201
- 임원 역할과 126
책임을 받아들임 27
처리 능력throughput 138, 229
철학, 참고문헌 225~226
체트 핸드릭슨chet Hendrickson 189
초기 대형 설계 161
추적, 프로젝트를 기능 단위로 235
추정 83
- 계획하기와 144
- 신뢰할 만한 추정 만들기 187~189
- 실제 시간 추정 234
측정
- 깨달음과 99
- 테스트로 진전 정도 측정 157
- XP 팀의 건강 127
측정치
- 그래프 242
- XP를 위한 207

| ㅋ |

카오스 이론 228~229
컴퓨터 분야의 21세기 218
코드
- 결함 수준과 152
- 낭비와 197
- 미래 사용자 55
- 신뢰와 코드 91
- 이득이 되는 240
- 중복 제거 165
- 책임 공유 112
- 코드를 통해 의사소통 238
- 코드의 변화에 대한 추적가능성 177
- 테스트 우선 프로그래밍과 91
코드 공유 112
코드와 테스트 113
코치 고르기 204~205
코치의 병목 알아채기 205
크라이슬러 스몰토크 프로젝트 185~190
- 문제가 있다는 신호 186
- 성공 189~190
- 점진적 설계 187
- 팀 창조 187~189
크리스토퍼 알렉산더Christopher Alexander
215~217
큰 문제 170
큰 배치 107

| ㅌ |

테스트 121
- 10분 빌드 89
- 결함 비율 29
- 단위 테스트 240
- 빈도 154
- 일주일별 주기 85, 121
- 재확인 155
- 정적 검증 156
- 지속적인 테스트에서 피드백 241
- 테스트 우선 프로그래밍 205
- 회귀 테스트 111
- JUnit 238
테스트 우선 프로그래밍
91, 202, 205, 238
테스트 주도 개발TDD 238
테일러, 프레드릭Frederick Taylor
191~193, 213, 231~233, 236
테일러주의식 사회공학 192
테크니컬 라이터 128
통제, 사람의 ~ 231
통찰력 79
투자

- 투자 비용으로서의 XP 171
- 투자와 수익의 시차 측정 127
티핑 포인트 76
팀
- 개인 욕구와 팀 욕구의 균형 53
- 다양성 59
- 디즈니 228
- 모델 112
- 옛날 방식으로 돌아가기 200
- 인증과 인가 209
- 코딩 스타일에 대한 접근법 44
- 크기 줄이기 109
- 크기의 한계 76
- 팀 작업에 핵심 가치가 되는 존중 49
- 팀이 주도하는 과정으로서의 소프트웨어 개발 36
- 힘을 공유 217
- XP 확장과 ~ 170
팀 지속성, 보조 실천방법 108
팀 크기 줄이기 109
팀워크 모델 112

| ㅍ |
판단, 의사소통과 234
패러다임 231
패턴
- 설계 과정과 패턴 165
- 설계 프로세스와 240
퍼머컬처 159, 226
페르소나 122
포스트모더니즘 225
폭포수 프로세스 137, 208
품질
- 데밍 모델에서의 품질 관리 233
- 사회공학과 192~193
- 제로섬 모델에서 변수 226
- 프로젝트 관리와 144
풍족한 삶 233
프라모드 사달레이지Pramid Sadalage 164
프랙탈 56
프랭크 길브레스Frank Gilbreth 191
프레드릭 테일러Frederick Taylor 191~193, 213, 231~233, 236
프로그래머
- 비즈니스 측과 책임 공유 217
- 사용자, 발주자와 함께 일하는 216
- 전 세계적 요구 213
- 테스트 155
프로그래머, 팀 역할로서의 131
프로그래밍
- 사람이 사람을 위해 234
- 사회적, 기술적 네트워크 229
- 실용주의 프로그래머 201
- 쓰기의 예술 232
- 인간적 관심사의 균형잡기 215~217
- 짧은 주기 235
- 참고문헌 238~240
- 테스트 우선 프로그래밍 202, 205
프로젝트
- 기능 단위로 프로젝트 추적 235
- 문제가 있다는 신호 186
- 피드백 235
프로젝트 관리
- 참고문헌 234~237
- 테일러주의자의 관점 236
프로젝트 관리자 124
- 스토리 카드와 149
- 정보를 조직에 제공 172~173
프로젝트 취소 29
피드백 61
- 결함 발견과 ~ 153
- 소프트웨어 프로젝트 측정 235
- 실천과 반성의 결합 61
- 지속적인 테스트에서 241
- 피드백의 형식들 47

| ㅎ |
학습
- 갈등과 의견 차이 220
- 실패에서 학습 63
- 학습의 기본이 되는 반성 60
한 번, 딱 한 번만, 점진적 설계 휴리스틱 164
함께 앉기 73~75
함께 앉기, 실천방법으로서 208
합의, 프로젝트 관리에서 237

해결 방안의 복잡도 174~175
행동, 반성이 뒤따르는 60
헨리 갠트Henry Gantt 191
협동 146
활기찬 작업 78~79
- 지도 102
회계, 비용 대 투자 171
회귀 테스트 111
후원자
- 임원 후원자 201
- 임원의 후원 141
휴식, 업무일 중의 79
흐름, XP 원칙 61

| A~Z |

An Experimental Evaluation of Continuous Testing During Development (Saff and Ernst) 240
CMM(Capability Maturity Model) 213
Code Complete 161
Contributing to Eclipse 92
DSDM(Dynamic Systems Development Method) 237
Dynamic Systems Development Method(DSDM) 237
Five Whys 111
How Buildings Learn 160
JAD(Joint Application Development) 237
Joint Application Development(JAD) 237
JUnit 238, 240
Scientific Management과학적 관리 242
TDD(테스트 주도 개발) 238
The Forrest People 28
The Moutain People 28
The Tipping Point 76
Toyota Production System(오노Ohno) 198
Toyota Production System(TPS)
- 노동자의 책임 195~197
- 제조 공정 196
- 사회적 계층의 부재 196
- 소프트웨어 개발과 대응 196~198
UP (Unified Process) 236
XP, 개괄
- 비즈니스 관계와 XP 23
- 사회적 변화와 XP 23
- 인증과 인가 209~210
- 측정 207~209
- 측정치 207
- XP의 고유한 특징 24-25
- XP의 이익 25
XP, 시작
- 무엇을 먼저 바꿀지 결정하기 98
- 언제 XP를 적용하지 말 것인가 206
XP, 적용 199~206
- 개선 203
- 과거 습관, 일하던 방식으로 돌아가는 조직 200
- 사회적 관계와 199
- 임원 후원자 201
- 자기부터 시작하기 201~202
- 자신에게서 시작 100
- 코치 고르기 204~205
XP, 확장 169
- 문제의 복잡도와 174
- 시간 173~174
- 실패의 결과 175
- 조직의 크기 172~173
- 투자 171
- 해결 방안의 복잡도와 174~175
XP의 철학 183

| 기타 |

10분 빌드, 주요 실천방법으로서의 89